Anwendung des Falkenburg'schen Diagrammes

auf die Construction

der

Einfachen und Doppelschieber-Steuerungen

bearbeitet

von

Adolf Seybel,

Ingenieur.

Mit 14 Tafeln

Berlin.

Verlag von Julius Springer.

1893.

ISBN 978-3-642-50409-9   ISBN 978-3-642-50718-2 (eBook)
DOI 10.1007/978-3-642-50718-2
Softcover reprint of the hardcover 1st edition 1893

Vorwort.

In Nachstehendem sind in möglichster Kürze die Constructionsbedingungen der einfachen und Doppelschieber-Steuerungen entwickelt. Hierbei sind diejenigen für den Muschelschieber, sowie für den Trick-, Hanrez- und Hick-Schieber zum Theil dem Werke „Neue Schieberdiagramme und neue Theorie der Dampfvertheilung von C. Falkenburg" entnommen.

Anlass zur Bearbeitung war der Umstand, dass in den meisten Fabriken die Steuerungen nach dem Zeuner'schen Diagramm construirt werden, dies Diagramm aber, da es die Pleuelstangenlänge unberücksichtigt lässt, eine genaue Beurtheilung der Dampfvertheilung und Bestimmung der Steuerungsdimensionen nicht ermöglicht und bei negativen Deckungen auch nicht anwendbar ist. Die Folge hiervon ist, dass diese Steuerungen meistens erst beim Einstellen berichtigt werden müssen. Zweck der vorliegenden Arbeit ist nun, diese Nacharbeit zu umgehen, um die Steuerungen genau so ausführen zu können, wie sie construirt sind.

Da das Falkenburg'sche Werk blos obengenannte vier Steuerungen behandelt, aber keine Doppelschieber-Steuerungen, so glaubte ich dasselbe in dieser Hinsicht ergänzen zu sollen.

Nürnberg, im Februar 1893.

Ad. Seybel.

Inhaltsverzeichniss.

Bestimmung der Dimensionen der Dampfkanäle.

Es bezeichnet:

F den Cylinderquerschnitt in qcm,

H den Kolbenhub,

n die Tourenzahl pro Minute,

c die Kolbengeschwindigkeit in m pro Secunde,

v die Kurbelgeschwindigkeit,

V die Geschwindigkeit des Dampfes in den Kanälen in m,

f den Kanalquerschnitt am Schieberspiegel in qcm.

Der Kolben vom Querschnitt F bewegt sich mit einer mittleren Geschwindigkeit

$$c = \frac{2\,H \cdot n}{60} = \frac{H \cdot n}{30} \quad \dots \dots \dots \dots \quad 1)$$

Er durchläuft also pro Secunde ein Volumen F . c; dies Volumen Dampf muss in derselben Zeit durch den Kanal vom Querschnitt f in den Cylinder einströmen; man hat also

$$F \cdot c = f \cdot V$$

$$f = \frac{F \cdot c}{V} \quad \dots \dots \dots \dots \dots \quad 2)$$

Da die Kurbelgeschwindigkeit gleichförmig sein soll, so muss die Kolbengeschwindigkeit ungleichförmig werden, indem die letztere wie die Projection des Kurbelweges sich ändert und diese für gleiche Kurbelwege an den Hubenden am kleinsten, bei Kurbelmittelstellung am grössten wird. Die Kurbelgeschwindigkeit erreicht ihr Maximum, wenn die Kurbel mit der Pleuelstange einen Winkel von 90^0 bildet. Nimmt man die Pleuelstangenlänge $L = \infty$ an, so tritt dies bei Kurbelmittelstellung ein, d. h. wenn die Kurbel senkrecht steht; es wird dann die Kurbelgeschwindigkeit gleich der Kolbengeschwindigkeit, d. h.

$$c_m = \frac{H \cdot \pi \cdot n}{60} \quad \dots \dots \dots \dots \dots \quad 3)$$

Bei Berücksichtigung des Pleuelstangenverhältnisses erhält man Fig. 1, Taf. I

$$c = \frac{v \cdot \sin (\alpha + \beta)}{\cos \beta} \quad \dots \dots \dots \dots \quad 4)$$

Bildet die Pleuelstange mit der Kurbel einen Winkel von 90^0, so wird auch $\alpha + \beta = 90^0$ und da $\sin 90^0 = 1$ ist, so wird die Maximal-Kolbengeschwindigkeit

$$c_m = \frac{v}{\cos \beta} \quad \ldots \ldots \ldots \ldots \quad 5)$$

Es ergibt sich nun

$$\triangle \beta \text{ aus } \operatorname{tg} \beta = \frac{r}{L}$$

$$\text{und } \triangle \alpha = 90^0 - \beta.$$

Da die Kurbelgeschwindigkeit

$$v = \frac{H \cdot \pi \cdot n}{60},$$

die mittlere Kolbengeschwindigkeit

$$c = \frac{H \cdot n}{30}$$

und das Verhältniss beider

$$\frac{H \cdot \pi \cdot n \cdot 30}{60 \cdot H \cdot n} = \frac{\pi}{2} = 1{,}570796,$$

so ist die Kurbelgeschwindigkeit auch $v = 1{,}570796\,c$, also die grösste Kolbengeschwindigkeit

$$c_m = \frac{1{,}570796}{\cos \beta} \cdot c \quad \ldots \ldots \ldots \ldots \quad 6)$$

Die zu dieser Geschwindigkeit gehörige Kolbenstellung ergibt sich aus

$$h = r\,(1 - \cos \alpha) \pm L\,(1 - \cos \beta) \quad \ldots \ldots \ldots \quad 7)$$

Hierbei gilt das positive Vorzeichen für den Kolbenhinlauf von A nach B, das negative für den Rücklauf von B nach A, Fig. 1 Taf. I.

Für ein Pleuelstangen-Verhältniss $\frac{L}{r} = \lambda =$	4		5		6	
	Hinlauf	Rücklauf	Hinlauf	Rücklauf	Hinlauf	Rücklauf
wird die Max.-Kolbengeschw. $c_m =$	1,619 c	1,619 c	1,6019 c	1,6019 c	1,599 c	1,599 c
der zugehörige Kurbelweg $h =$	0,4384 H	0,5616 H	0,4505 H	0,5495 H	0,4586 H	0,5414 H
und der Kurbelwinkel α	$75^0\,57{,}83'$	$104^0\,2{,}17'$	$78^0\,41{,}4'$	$101^0\,18{,}6'$	$80^0\,32{,}3'$	$99^0\,27{,}7'$

Soll also eine Maschine mit einer Füllung arbeiten, welche gleich oder grösser ist als diejenige, bei welcher die Maximal-Kolbengeschwindigkeit eintritt, und soll hierbei die Geschwindigkeit des Dampfes in den Kanälen nicht grösser werden als V_m, so ist der Kanalquerschnitt

$$f = \frac{F \cdot c_m}{V_m}.$$

Die Maximal-Dampfgeschwindigkeit V_m findet sich bei

$$\text{kleinen stationären Maschinen } V_m = 25 \div 35 \text{ m}$$

$$\text{mittleren } \quad - \qquad - \qquad 40 \div 50 \text{ m}$$

$$\text{grossen } \quad - \qquad - \qquad 45 \div 60 \text{ m}$$

$$\text{Locomobilen} \qquad\qquad 50 \div 60 \text{ m}$$

$$\text{Dampfpumpen} \qquad\qquad 25 \div 30 \text{ m}.$$

Nachstehende Tabelle enthält für ein Pleuelstangen-Verhältniss $\lambda = 5$ die einer mittleren Kolbengeschwindigkeit c entsprechende Maximal-Kolbengeschwindigkeit c_m, sowie die für Füllungen $\geqq 45\,\%$ erforderlichen Kanalquerschnitte bei einer Maximal-Dampfgeschwindigkeit $V_m = 40$ m.

c	c_m	f	c	c_m	f	c	c_m	f	c	c_m	f
0,6	0,9611	0,0240 F	1,4	2,243	0,0561 F	2,0	3,204	0,0801 F	2,6	4,165	0,104 F
0,8	1,2816	0,0324 F	1,5	2,403	0,0601 F	2,2	3,524	0,0881 F	2,8	4,485	0,112 F
1,0	1,602	0,0400 F	1,6	2,563	0,0641 F	2,4	3,845	0,0960 F	3,0	4,806	0,120 F
1,2	1,922	0,0480 F	1,8	2,883	0,0721 F	2,5	4,005	0,100 F	3,5	5,606	0,140 F

Soll die Maschine mit einer kleineren Füllung als $45\,\%$ arbeiten und der Querschnitt der Kanäle bezw. die dadurch bedingte Grösse des schädlichen Raumes möglichst klein gehalten werden, so lege man der Berechnung des Kanalquerschnitts die im Augenblick des Schieberabschlusses stattfindende Kolbengeschwindigkeit c_ω zu Grunde, d. h.

$$f = \frac{F \cdot c_\omega}{V_m}.$$

Nachstehende Tabelle von Falkenburg enthält für ein Pleuelstangen-Verhältniss $\lambda = 5$ die den Kolbenhub-Prozenten entsprechenden Kurbelwinkel, sowie das Verhältniss $\dfrac{c_\omega}{c}$ der dem Kurbelwinkel ω entsprechenden Kolbengeschwindigkeit zur mittleren.

| Kolbenweg | Hinlauf | | Rücklauf | |
| | Kurbelwinkel | Geschwindigkeit | Kurbelwinkel | Geschwindigkeit |
%	ω	$\dfrac{c_\omega}{c}$	ω	$\dfrac{c_\omega}{c}$
5	23° 38′	0,745	28° 44′	0,62
10	33° 48′	1,02	40° 47′	0,88
15	41° 52′	1,20	50° 9′	1,05
20	48° 55′	1,34	58° 11′	1,19
25	55° 23′	1,44	65° 23′	1,31
30	61° 27′	1,51	72° 13′	1,40
35	67° 18′	1,56	78° 17′	1,48
40	73° —	1,59	84° 1′	1,53
45	78° 38′	1,60	90° 3′	1,57
50	84° 16′	1,59	95° 44′	1,59
55	89° 57′	1,57	101° 22′	1,60
60	95° 59′	1,53	107° —	1,59
70	107° 47′	1,40	118° 33′	1,51
80	121° 49′	1,19	131° 5′	1,34
90	139° 13′	0,88	146° 12′	1,02
100	180°	0	180°	0

Man nehme die Kanalbreite $b = 0,7 \times$ Cylinderdurchmesser und man erhält die Kanalweite

$$k = \frac{f}{b}.$$

Bei gegebenem bezw. angenommenem Querschnitt der Kanäle findet man die Dampfgeschwindigkeit

$$V = \frac{F \cdot c}{f} \quad \text{bezw.} \quad = V\frac{F \cdot c_\omega}{f}.$$

Bestimmung des Compressions-Anfanges.

Ist in Fig. 2 p_c die Endspannung der Compression, so ergibt sich der Anfangspunkt K derselben folgendermaassen aus dem Indicatordiagramm. Man ziehe im Abstande p_c von A B eine Horizontale E F, ebenso im Abstande des Gegendruckes q; ziehe durch C und O eine Gerade bis zum Schnitt mit E F; projicire den Schnittpunkt G auf die Gegendrucklinie, so erhält man den Anfangspunkt K der Compression, d. h. die Kolbenstellung, bei welcher der Austritt des Dampfes aus dem Cylinder abgesperrt sein muss, wenn die Endspannung $= p_c$ werden soll.

Das Verhältniss $\left(\dfrac{c}{H}\right) . 100$ ergibt den Compressionsgrad in Prozenten des

Kolbenhubes; um denselben direct aus dem Diagramm entnehmen zu können, mache man $H = 100$ mm.

Aus der Proportionalität der Grössen p_c, q, s und c ergibt sich auch

$$\frac{p_c}{c+s} = \frac{q}{s}$$

$$\frac{p_c \cdot s}{q} = c + s$$

$$\frac{p_c \cdot s}{q} - s = c \quad . \quad . \quad . \quad . \quad . \quad . \quad . \quad . \quad . \quad . \quad . \quad 8)$$

Construction der Kurbel- und Excenterstellungen.

Es bezeichnet:

r den Kurbelradius,

$H = 2\,r$ den Kolbenhub,

L die Pleuelstangenlänge,

$\lambda = \dfrac{L}{r}$ das Pleuelstangenverhältniss

e die Schieberexcentricität.

Man setze (Fig. 3) auf einer Horizontalen MM ein, schlage mit beliebigem Radius den Kurbelkreis und schneide aus K_h und K_r mit der Pleuelstangenlänge $L = \lambda . r$ in die Horizontale MM ein. Theile den Kolbenhub AB den für die Steuerung gewünschten Abstufungen entsprechend in eine Anzahl Theile und schneide aus den Theilpunkten mit L in den Kurbelkreis ein, so erhält man die den ebengenannten Kolbenstellungen entsprechenden Kurbelstellungen, und zwar gelten bei der angegebenen Drehrichtung die in die obere Hälfte des Kurbelkreises fallenden Stellungen für den Kolben-Hinlauf, die unteren für den Rücklauf. Aus A und B schlage man ebenfalls mit L durch K_h und K_r die den Kolben-Endstellungen entsprechenden Bögen.

Die einer beliebigen Kolbenstellung S entsprechende Kurbelstellung erhält man, indem man aus S mit L in den Kurbelkreis einschneidet, oder indem man den Maassstab parallel mit der Bewegungsmittellinie MM führt und die betreffende Kurbelstellung bezw. den zugehörigen Kurbelweg als eine solche Parallele von der Länge h des gesuchten Kolbenhubtheiles zwischen dem einen Pleuelstangenbogen und dem Kurbelkreis aufsucht. Umgekehrt erhält man den einer beliebigen Kurbelstellung entsprechenden Kolbenweg aus der Endstellung in der Horizontalen h bezw. Parallelen zur Bewegungsmittellinie.

Um den Kolbenweg in Prozenten des Hubes direkt aus dem Diagramm ablesen zu können, nehme man $r = 50$ mm, also $H = 100$ mm.

Für Maschinen mit Kurbelschleife (Fig. 4) wird $L = \infty$; man projicire den Kolbenhub auf eine Horizontale, theile ihn ein und projicire die Theilpunkte auf den Kurbelkreis, so erhält man die Kurbelstellungen.

Schlägt man (Fig. 3) aus C mit der Schieberexcentricität e als Radius den Schieberkreis und trägt den Voreilwinkel δ an C D dem Drehsinn der Kurbel entsprechend an, so erhält man in der Verbindungslinie EK_h die für jede Kurbeldrehung gleichbleibende Entfernung c. Den einer Kolbenstellung S bezw. Kurbelstellung K entsprechenden Schieberweg ξ aus der Spiegelmitte findet man nun, indem man aus K mit c in den Schieberkreis einschneidet, im horizontalen Abstand der Excenterstellung E von der Senkrechten D F.

Ist das Verhältniss $\dfrac{L'}{e}$ der Excenterstange $\leqq 10$, so ist (Fig. 5) das Diagramm für die Excenterstellungen ebenso wie das für die Kurbelstellungen zu construiren. Liegt ausserdem das Schieberstangenmittel unter dem Cylinder- bezw. Kurbelwellenmittel, so schneide man aus C mit $L' + e$ und mit $L' - e$ in die Schieberbewegungsmittellinie $M' M'$ ein und es ergibt sich der wirkliche Schieberhub, welcher kleiner ist als der Excenterhub. Man halbire diesen Schieberhub und verbinde O mit C, so ist auf diese Verbindungslinie die Schieberbewegung zu beziehen (Schieberbewegungsmittellinie). Aus a und b schlage man mit L' durch S und S_0 Kreisbögen, wie bei Construction der Kurbelstellungen, und man erhält den Schieberweg aus den Endstellungen als Parallele ξ zur Schieberbewegungsmittellinie zwischen den Excenterstangenbögen und dem Schieberkreis.

Ist das Excenterstangenverhältniss > 10, so kann man die Schieberwege nach Fig. 3 construiren. Jedoch ist bei Schräglage der Bewegungsmittellinie diese nach Obigem einzuzeichnen, durch C eine Senkrechte dazu zu errichten und die Schieberwege als Abstände der vermittelst c construirten Excenterstellungen von dieser Senkrechten zu messen.

In den nachfolgenden Diagrammen ist der Kolbenhub $H = 2\,r = 100$ mm, das Pleuelstangenverhältniss $\lambda = 5$, d. h. $L = 250$ mm, das Excenterstangenverhältniss $\dfrac{L'}{e} = \infty$ und die Schieberbewegungsmittellinie mit derjenigen des Kolbens zusammenfallend angenommen.

Den Kolbenweg von K_h nach K_r, d. h. in der Richtung vom Cylinder nach der Kurbelwelle, nennt man den Kolbenhinlauf, den entgegengesetzten den Rücklauf und dementsprechend den beim Kolbenhinlauf dem Cylinder Dampf zuführenden Kanal den Hinlaufkanal, den anderen den Rücklaufkanal.

Der gewöhnliche Muschelschieber (Taf. II).

Es sei die in Fig. 11 Taf. II angegebene Stellung die Mittelstellung des Schiebers, aus welcher derselbe vom Excenter nach beiden Seiten um die Excentricität e verschoben wird. Denkt man sich den Schieber (Fig. 13) um die äussere Deckung a nach links verschoben, so wird die Expansionskante E des Schiebers über der Füllungskante F des Spiegels stehen, der Schieber also zu öffnen beginnen. Soll die Maschine ohne Voröffnung arbeiten, so ist die eben genannte Stellung diejenige, bei welcher der Kolben, also auch die Kurbel, im Todtpunkt K_h steht.

Wollte man mit einer Voröffnung v arbeiten, so müsste bei genannter Kurbelstellung die Expansionskante des Schiebers um diese Grösse von der Füllungskante nach links verschoben und der Schieber so auf seiner Stange festgestellt werden.

Während der Bewegung der Expansionskante E nach F kommt die Compressionskante C nach G, hat also, da die Deckung i gewöhnlich kleiner ist als a, den Kanal R für den Austritt des verbrauchten Dampfes der Rücklaufseite bereits geöffnet, wenn die Kurbel im Todtpunkt K_h steht. Man nennt diese Eröffnung den Voraustritt. Geht der Schieber noch weiter nach links, so wird der Kanal H für den Eintritt des Arbeitsdampfes geöffnet. Nachdem der Schieber seine äusserste Stellung (Fig. 14) erreicht hat, gleitet er wieder zurück und schliesst erst den Dampfeintritt in den Kanal H ab; auf der Hinlaufseite beginnt die Expansion. Bei weiterer Fortbewegung schliesst der Schieber mit der Kante C den Austritt des Dampfes aus dem Rücklaufkanal ab (Fig. 15). Da nun bei dieser Schieberstellung der Kolben noch in der der Schieberbewegung entgegengesetzten Richtung weitergeht, der Austritt des Dampfes aber abgesperrt ist, so wird der eingeschlossene Dampf vom Kolben zusammengepresst. Man nennt diese Periode Compressionsperiode. Kommt die Kurbel in die Nähe des Todtpunktes K_r, so öffnet der Schieber erst den Kanal H für den Voraustritt und dann den Kanal R für den Eintritt des Arbeitsdampfes und das Spiel wiederholt sich.

Für eine neu zu construirende Steuerung ist gewöhnlich die Kanalweite k, die Füllung ε, die Compression c und eventuell auch die Voröffnung v gegeben. Gesucht sind der Voreilwinkel δ, die äussere Deckung a und die innere i. Man schlage (Fig. 9) mit $r = 50$ mm den Kurbelkreis und construire die Kurbelstellungen, wie oben angegeben.

Aus der der gegebenen Füllung entsprechenden Kurbelstellung sowie aus K_h schlage man mit beliebigem, aber gleichem Radius Bogen und verbinde deren Schnittpunkt S mit C. Nehme eine Excentricität e an und schlage den Schieberkreis, wodurch sich der Schnittpunkt E_3 ergibt.

Will man nun ohne Voröffnung arbeiten, so ziehe man durch E_3 eine Parallele $E_3 E$ zu D F; ihr Schnittpunkt E mit dem Schieberkreis ist die der Anfangsstellung K_h entsprechende Excenterstellung und der von der Verbindungslinie E C und der Vertikalen D F eingeschlossene Winkel der Voreilwinkel δ Der horizontale Abstand des Punktes E von D F ist die äussere Deckung a und der übrige Theil der Excentricität die Kanaleröffnung. Will man mit Voröffnung arbeiten, so ziehe man (Fig. 9) auf beiden Seiten von E_3 im Abstande $\frac{v}{2}$ Parallele zu D F, so ist die innere die Deckungslinie und der Schnittpunkt der äusseren mit dem Schieberkreis die der Kurbelstellung K_h entsprechende Excenterstellung.

In Fig. 6 Taf. I sind für Schieberhübe $2\,e = 30 \div 90$ mm und für Füllungen $\varepsilon = 60\,\% \div 90\,\%$ die entsprechenden Voreilwinkel construirt unter Zugrundelegung eines Pleuelstangenverhältnisses $\lambda = 5$ und eines Excenterstangenverhältnisses $\lambda_1 = \infty$. Für den praktischen Gebrauch, besonders zur Bestimmung einfacher Steuerungen, empfiehlt es sich, das Diagramm Fig. 6, jedoch unter Weglassung der horizontalen Linien, auf Millimeterpapier aufzuzeichnen. Die äusseren Deckungen und grössten Kanaleröffnungen können dann direct aus dem Diagramm abgelesen werden.

Es muss nun, damit der Kanal für den Dampfeintritt vollständig geöffnet werde,

$$e \geqq k + a \quad\ldots\ldots\ldots\ldots\ldots\quad 9)$$

sein, andernfalls ist die Excentricität zu vergrössern und die Construction von δ und a zu wiederholen.

Der Schieberspiegel.

Gleitet der Schieber aus seiner Mittelstellung Fig. 11 Taf. II, in welcher er den Kanal um a überdeckt, in die äusserste (Fig. 14), so muss, damit bei S durch die Abnützung kein Ansatz gebildet werde, der Schieber über diese Kante hinausgehen, d. h. es muss

$$s < a + e \quad\ldots\ldots\ldots\ldots\ldots\quad 10)$$

sein. Damit in dieser Stellung kein frischer Dampf unter der Muschel hindurch in den Auspuff überströmen kann, muss

$$i + k + s > e$$

sein, d. h.

$$s = e - (i + k) + \text{Deckung} \quad\ldots\ldots\ldots\quad 11)$$

Damit in der äussersten Schieberstellung (Fig. 14) die Rippe r vom Schieberlappen überdeckt ist und kein frischer Dampf in den Auspuff gelangen kann, muss

$$a + k + r + \text{Deckung} = e$$

sein, d. h.

$$r = e - (a + k) + \text{Deckung} \quad\ldots\ldots\ldots\quad 12)$$

Die Compressionskante C des Schiebers soll bei der Bewegung über die Kante A des Spiegels gleiten, es muss also

$$i + e > r$$

sein, d. h.

$$r < i + e \quad\ldots\ldots\ldots\ldots\ldots\quad 13)$$

Der Auspuffkanal soll bei der äussersten Schieberstellung dem Abdampf noch einen freien Durchgangsquerschnitt bieten, mindestens gleich der Kanalweite; es ist also

$$k_0 \geqq i + e + k - r \quad\ldots\ldots\ldots\ldots\quad 14)$$

Die Muschel wird hierbei

$$m = 2\,k + r + e - (i + k) \quad \ldots \ldots \ldots \quad 15)$$

Hinlaufdiagramm.

Nachdem man den Voreilwinkel, die Excentricität und die äussere Deckung für die Hinlaufseite nach Obigem construirt oder der Fig. 6 Taf. I entnommen hat, verbinde man E mit K_h und schneide mit dem hierdurch erhaltenen c aus der dem gegebenen Compressionsanfang entsprechenden Kurbelstellung in den Schieberkreis ein (wobei zu berücksichtigen ist, dass das Excenter der Kurbel voraneilt), ziehe durch den Schnittpunkt E_7 parallel D F, so ist der horizontale Abstand der Senkrechten $E_4 E_7$ von D F gleich der inneren Deckung i_h für die Hinlaufseite. Ziehe auch $E_5 E_6$ im Abstande $= k$ von $E_4 E_7$ und $E_1 E_2$ in demselben Abstande von E E_3.

Den einer beliebigen Kurbelstellung entsprechenden Schieberweg ξ aus der Spiegelmitte erhält man nun, indem man mit c aus der betreffenden Kurbelstellung in den Schieberkreis einschneidet und durch den Schnittpunkt parallel M M zieht. Der horizontale Abstand der Excenterstellung von der Senkrechten D F ist dann der Schieberweg aus der Spiegelmitte, und der in die schraffirte Fläche fallende Theil dieser Horizontalen ist die jener Kurbelstellung entsprechende Kanaleröffnung o. Hierbei gilt die engschraffirte Fläche für den Dampfeintritt, die weitschraffirte für den Austritt.

Schneidet man aus E mit c bezw. c_v in den Kurbelkreis ein, so erhält man die Kurbelstellung, bei welcher die Kanaleröffnung bezw. Voröffnung beginnt. Ebenso erhält man in

K_1 (aus E_1 construirt) die Kurbelstellung, welche der vollen Kanaleröffnung entspricht,

K_2 Beginn des gedrosselten Eintritts (der Eintrittskanal beginnt sich zu schliessen),

K_3 Beginn der Expansion (Eintritt geschlossen),

K_4 Beginn des Voraustritts,

K_5 Beginn des vollen Austritts,

K_6 Beginn des gedrosselten Austritts,

K_7 Beginn der Compression.

Diagramm für die Rücklaufseite.

Will man für die Rücklaufseite gleichen Expansions- und Compressionsanfang erreichen wie für die Hinlaufseite, so suche man die diesen Schieberstellungen entsprechenden Kurbelstellungen im Rücklaufdiagramm auf; schneide aus denselben mit c in den Schieberkreis ein und man erhält in den horizontalen Abständen der Schnittpunkte von D F die Deckungen a_r und i_r für die Rücklaufseite. Schneidet man aus K_r mit c in den Schieberkreis ein, so erhält man die Voröffnung für den Rücklauf. Dieselbe ist, wenn für Hin- und Rücklaufseite gleicher Expansions- und Compressionsanfang verlangt wird, nicht zu umgehen.

Sind die Excentricität, die Kanalweite und die Deckungen a_h und i_h gegeben, so trage man diese Grössen im Hinlaufdiagramm ab, ziehe parallel D F und verbinde E mit K_h, wodurch sich c ergibt. Mit c schneide man nun aus E_1, E_2 etc. in den Kurbelkreis ein, so erhält man die Dampfperioden für die Hinlaufseite. Aus diesem Hinlaufdiagramm construire man nach Vorstehendem das Rücklaufdiagramm bezw. die Deckungen a_r und i_r.

Beispiel.

Es sei ein Muschelschieber zu construiren für eine Maschine vom

Cylinderdurchmesser $D = 150$ mm,

dem Kolbenhub $H = 300$ mm,

der Tourenzahl $n = 120$

für eine Voröffnung $= 0$

für eine Füllung $= 80\%$

und eine Compressions-Endspannung $p_c = 4{,}8$ kg pro qcm.

Da die Maschine mit einer Füllung $> 45\%$ arbeiten soll, so ist bei Bestimmung des Kanalquerschnitts die Maximal-Kolbengeschwindigkeit in Rechnung zu ziehen.

Die mittlere Kolbengeschwindigkeit ist

$$c = \frac{0{,}300 \cdot 120}{30} = 1{,}20 \text{ m}$$

und (für $\lambda = 5$) die grösste

$$c_m = 1{,}602 \cdot 1{,}2 = 1{,}92 \text{ m}.$$

Die grösste während einer Kurbelumdrehung vorkommende Dampfgeschwindigkeit sei $= 35$ m angenommen; es wird dann der Kanalquerschnitt

$$f = \frac{176{,}7 \cdot 1{,}92}{35} = 9{,}7 \text{ qcm}.$$

Die Breite des Kanals sei $= 0{,}7\, D = 0{,}7 \cdot 15{,}0 \eqsim 10{,}0$ cm angenommen und es wird somit die Weite desselben

$$k = \frac{9{,}7}{10} = 0{,}97 \backsim 1{,}0 \text{ cm}$$

Nimmt man den Gegendruck $q = 1{,}2$ kg und den schädlichen Raum $= 5\%$ an, so ergibt sich der Compressionsanfang aus Fr. 8

$$c = \frac{4{,}8 \cdot 5}{1{,}2} - 5 = 15\%$$

vor Hubende. Es ist nun in Fig. 9 und 10 Taf. II der Kurbelkreis mit zugehörigen Stellungen construirt. Hierauf ist vermittelst Kreisbögen aus K_h und der Kurbelstellung 80 % Hinlauf der Voreilwinkel bestimmt, ein Schieberhub $2e = 50$ mm angenommen, durch E_3 parallel DF gezogen und k abgetragen. Hieraus ergibt sich, dass $e > k + a$ ist und deshalb beibehalten werden kann. Für den Hinlaufkanal wird also $a_h = 12$; $i_h = 5,5$ mm. Behufs Construktion des Rücklaufdiagramms schneide man (Fig. 10) aus der Kurbelstellung 80 % Rücklauf und aus 85 % Hinlauf (d. h. 15 % vor Beendigung des Hubes) mit c in den Schieberkreis ein und man erhält die Deckungen $a_r = 8,5$ mm, $i_r = 9,0$ mm. Nun können die Dimensionen des Schieberspiegels bestimmt werden.

Nach Obigem soll die Stegbreite

$$s < a + e, \text{ d. h. } s < 12 + 25, \text{ also } s < 37 \text{ mm sein.}$$

Es soll aber auch $s = e - (i + k) +$ Deckung sein, die Deckung sei $= 8$ mm angenommen; es wird dann

$$s = 25 - (5,5 + 10) + 8 \approx 18 \text{ mm.}$$

Weiter wird $r < i + e$, d. h. $r < 5,5 + 25$, also $r < 30,5$, aber auch

$$r = e - (a + k) + \text{Deckung.}$$

Wird diese Deckung gleich 9 mm angenommen, so folgt

$$r = 25 - (12 + 10) + 9 = 12 \text{ mm.}$$

Die Weite des Auspuffkanals wird nun

$$k_0 = i + e + k - r = 5 + 25 + 10 - 12 = 28 \approx 30 \text{ mm.}$$

Die Länge m der Muschel ergibt sich aus der Zeichnung.

Die Dampfvertheilung stellt sich nun wie folgt dar:

	Hinlauf	Rücklauf
Beginn des Voröffnens bei	—	1 %
Voröffnung . . . . mm	—	3 mm
Voller Eintritt bei	9 %	$2^1/_2$ %
Beginn des gedrosselten Eintritts	54 %	56 %
Beginn der Expansion	80 %	80 %
Beginn des Voraustritts	$1^1/_2$ %	$^1/_2$ %
Voraustritt. . . . . mm	6,5	3,5
Voller Austritt	$^1/_2$ %	$3^1/_2$ %
Beginn des gedrosselten Austritts (vor Hubende)	35 %	35 %
Beginn der Compression (vor Hubende) . . .	15 %	15 %

Will man vorstehenden Schieber mit einer kleineren Füllung z. B. 75 % arbeiten lassen, so schneide man aus E_3 durch die Kurbelstellung 75 % und mit gleicher Zirkelöffnung aus K_h in den Schieberkreis ein und man erhält die der Kurbelstellung K_h entsprechende Excenterstellung und eine Voröffnung $v_e \backsim 2{,}5$ mm. Die Compression steigt hierbei von 15 auf 20 %.

Gibt man beiderseits 3 mm Voröffnung und auf der Hinlaufseite 80 % Füllung und 15 % Compression, so wird

die Deckung: $a_h = a_r = 11$ mm, $i_h = i_r = 3{,}5$ mm

Hinlauf: Füllung $= 80$ %,   Compression $= 15$ %

Rücklauf: Füllung $= 69{,}5$ %,   Compression $= 11$ %.

Zur Controlle der Rechnung und um die Wirkung etwaiger Abweichungen von den Formeln leicht beurtheilen zu können, verzeichne man den Schieber mit Spiegel in folgenden Stellungen und zwar für Kolbenhinlauf wie für Rücklauf:

1. Beginn des Eintritts bezw. der Expansion,
2. Aeusserste Stellung,
3. Beginn des Austritts bezw. der Compression.

Penn-Schieber (Taf. III).

Um bei grossen Kanalweiten einen möglichst schnellen Schieberabschluss bei kleinem Schieberhub zu erhalten, zerlegt man die Kanalweite k vortheilhaft in mehrere Schlitze k_1, welche gleichzeitig geöffnet werden. Es wird dann, wenn n die Anzahl der Schlitze auf einer Spiegelseite bezeichnet

$$k_1 \geqq \frac{k}{n} \quad \cdots \cdots \cdots \cdots \cdots \quad 16)$$

$$e \geqq k_1 + a \quad \cdots \cdots \cdots \cdots \cdots \quad 17)$$

Die Bestimmung des Voreilwinkels und der Deckungen ist wie beim gewöhnlichen Muschelschieber (für eine Kanalweite k_1) vorzunehmen. Es ist also wieder (Fig. 16) $E\,E_3$ die äussere, $E_4\,E_7$ die innere Deckungslinie und deren Abstände von D F die betreffenden Deckungen. Da durch die Bewegung des Schiebers einerseits bei F (Fig. 19) kein Ansatz gebildet, anderseits aber auch bei äusserster Schieberstellung die Durchgangsweite für den Austritt nicht verengt werden darf, so muss bei dieser Stellung die Kante W des Schiebers über der Kante F des Spiegels stehen. Es ist also die Brücke

$$b = 2\,e + w \quad \cdots \cdots \cdots \cdots \cdots \quad 18)$$

Die Rippe r ergibt sich wie beim gewöhnlichen Muschelschieber

$$r = e - (a + k_1) + \text{Deckung}.$$

Ebenso ist der Steg

$$s = e - (i + k_1) + \text{Deckung}.$$

Der Auspuffkanal wird

$$k_0 = n \cdot k_1 + e + i - r \quad \cdots \cdots \cdots \cdots \quad 19)$$

bezw.

$$k_0 = k + e + i - r.$$

Wird der Schieber aus seiner Mittelstellung, Fig. 18, nach links oder rechts bewegt, so werden, nachdem derselbe einen Weg gleich der äusseren Deckung a zurückgelegt hat, jeweils die Schlitze einer Spiegelseite gleichzeitig für den Eintritt des Dampfes geöffnet. Es ist also die totale Kanaleröffnung gleich der Summe der Einzeleröffnungen, d. h. bei n Schlitzen ist dieselbe $= n . o$, wo o wie beim gewöhnlichen Muschelschieber gemessen wird.

Hat der Schieber den Weg $a + k_1$ aus seiner Mittelstellung zurückgelegt, so sind die Schlitze vollständig geöffnet und die totale Eröffnung ist somit $= n . k_1$. Um nun die Eröffnungskurve $E G$ zu verzeichnen, trage man von $E E_3$ aus k_1 und $n . k_1$ ab und ziehe senkrecht, so erhält man die Excenterstellung E_1, bei welcher die Kanaleröffnung $= n . k_1$ ist, und wenn man durch E_1 horizontal zieht, erhält man den Endpunkt G der Eröffnungskurve. Man ziehe nun zwischen E und E_1 eine Anzahl Horizontale, trage auf denselben die Eröffnung o (des einzelnen Schlitzes) n mal ab, so erhält man in der Verbindung der Punkte die Eröffnungskurve.

Der Kanalabschluss erfolgt, wie die Eröffnung, mit n-facher Geschwindigkeit. Die Abschlusskurve $G_1 E_3$ ist daher ebenso zu construiren wie die Eröffnungskurve. Auf dieselbe Weise, wie im Vorstehenden für den Dampfeintritt gezeigt ist, construire man die Oeffnungsfläche für den Austritt. Die Kanaleröffnungen für beliebige Excenterstellungen sind nun wieder als Horizontale innerhalb der schraffirten Flächen zu messen.

B e i s p i e l.

Für eine Schlitzweite $k_1 = 17$ mm, $80\,\%$ Füllung und $10\,\%$ Compression soll ein Penn-Schieber construirt werden. Der Schieberhub sei $2\,e = 70$ mm angenommen. Es ergibt sich nach Früherem (Fig. 16 und 17):

$$a_h = 17 \text{ mm}; \quad i_h = 2{,}5 \text{ mm}$$
$$a_r = 12 \text{ mm}; \quad i_r = 6{,}5 \text{ mm}.$$

Die Dampfvertheilung enthält nachstehende Tabelle.

	Hinlauf	Rücklauf
Beginn des Voröffnens (vor Hubanfang) . . .	—	$\frac{1}{2}\,\%$
Voröffnung . . . . mm	—	5
Voller Eintritt	$18\frac{1}{2}\,\%$	$4\frac{1}{2}\,\%$
Beginn des gedrosselten Eintritts	$42\,\%$	$49\,\%$
Beginn der Expansion	$80\,\%$	$80\,\%$
Dauer der Drosselungsperiode für den Abschluss	$38\,\%$	$31\,\%$
Beginn des Voraustritts	$3\frac{1}{2}\,\%$	$3\,\%$
Voraustritt . . . . mm	14,5	10,5
Voller Austritt	$0\,\%$	$1\frac{1}{2}\,\%$
Beginn des gedrosselten Austritts	$32\,\%$	$29\,\%$
Beginn der Compression	$10\,\%$	$10\,\%$

Die Controlle ist genau ebenso auszuführen wie beim gewöhnlichen Muschelschieber.

Trick-Schieber. Taf. IV u. V.

Wie Fig. 27 zeigt, erfolgt der Dampfeintritt gleichzeitig an der Füllungskante der einen Spiegelseite und durch den Schieberkanal hindurch von der andern Spiegelseite her. Die Geschwindigkeit der Kanaleröffnung ist also von der in Fig. 26 gezeichneten Stellung an bis zur Kanaleröffnung $o = k_1$ doppelt so gross wie beim gewöhnlichen Muschelschieber. Ebenso erfolgt aber auch der Abschluss mit doppelter Geschwindigkeit.

Werden die Deckungen $z_h + z_r \leqq \theta$ gemacht, so erfolgt Communication, d. h. der Dampf tritt bei einer gewissen Schieberstellung von der einen Cylinderseite durch den Schieberkanal nach der andern über. Diese Eigenschaft des Trick-Schiebers kann zur Vermeidung zu starker Compression benützt werden, indem sich hierdurch die beiderseitigen Spannungsdifferenzen ausgleichen.

Für grosse Füllungen nimmt man gewöhnlich die Excentricität

$$e \geqq k + a,$$

wo k die Cylinderkanalweite bezeichnet (Fig. 23).

Für kleine Füllungen nimmt man

$$e \geqq k_1 + a.$$

Der Schieberkanal wird in allen Fällen

$$k_1 = \frac{k}{2}.$$

Die Kanalweite am Spiegel wird

$$\text{für } e \geqq k + a \qquad k_s = k$$
$$\text{für } e = k_1 + a \qquad k_s = k + w.$$

Wird der Schieber aus seiner Mittelstellung um die Strecke a_h nach links verschoben (Fig. 26), so steht die Expansionskante E desselben über der Füllungskante F des Spiegels und da bei dieser Stellung auch durch den Schieberkanal hindurch von der andern Spiegelseite her der Dampfeintritt beginnen soll, so muss auch die Wandkante W_r über der Stegkante S stehen. Die Steglänge wird also nach Fig. 26

$$s = a_r + a_h - w \ldots \ldots \ldots \ldots \quad 20)$$

Die Länge r der Rippe ergibt sich, wenn man den Schieber in seine äusserste Stellung auf der Hinlaufseite verschiebt (Fig. 24), aus

$$r = e + w + k_1 - a_r - k_s + \text{Deckung.} \ldots \ldots \quad 21)$$

Da der Austritt genau wie beim gewöhnlichen Muschelschieber erfolgt, so ist auch die Weite des Auspuffkanals wie oben

$$k_0 \geqq e + i_r + k - r.$$

Nachdem der Voreilwinkel und die Deckungen wie bisher bestimmt sind, ziehe man im Abstande a und a + k, sowie i und i + k parallel D F. Weiter ziehe man im Abstande k_1 von der Deckungslinie E E_3 nach D F zu senkrecht; schneide aus E mit e in die Bewegungsmittellinie ein und aus dem hierdurch erhaltenen Schnittpunkt M durch E und ebengenannte Senkrechte. Aus G schneide man wieder mit e in die Bewegungsmittellinie ein und aus O durch G und die Deckungslinie.

Bei kleinen Füllungen lässt man den Hinlaufkanal von der Füllungskante des Schiebers blos um k_1 öffnen (Taf. V) (totale Eröffnung $= 2\,k_1$); es fällt infolgedessen beim Hinlaufdiagramm der letzgenannte Bogen fort und man erhält eine linsenförmige Eintrittsfläche. Der aus O beschriebene Kreisbogen im Rücklaufdiagramm schneidet bei kleinen Füllungen die Deckungslinie nicht.

Die Austrittsfläche wird wieder ebenso construirt wie beim Muschelschieber.

Behufs Bestimmung der Communicationsperiode ziehe man in beiden Diagrammen, Fig. 28 u. 29 Taf. V, im Abstande w und w + k_1 von E E_3 nach D F zu und eventuell darüber hinaus senkrecht, trage die Flächen von der Breite $(u_1 - u)$ vermittelst der Abstände u und u_1 aus dem einen Diagramm in das andere über, so erhält man in den horizontal schraffirten Flächen, in welchen sich die Flächen von der Breite k_1 überdecken, die Communicationsfläche und in den Schnittpunkten der Begrenzungslinien mit dem Schieberkreis die dem Communications-Anfang und Ende entsprechenden Excenterstellungen. Zieht man nun durch eine beliebige Excenterstellung horizontal, so erhält man wieder innerhalb der schraffirten Fläche die jener Excenterstellung entsprechende Kanaleröffnung.

Ausser den beim Muschelschieber angegebenen Schieberstellungen verzeichne man diejenige, bei welcher die Kanaleröffnung $= k_1$ ist, sowie die, bei welcher die Communication beginnt.

1. Beispiel.

In Fig. 21 bis 27 Taf. IV sind die Diagramme und Stellungen eines Trick-Schiebers für 12 mm Kanalweite, 80 % Füllung und 15 % Compression dargestellt. Wie ein Vergleich dieser Diagramme mit denjenigen in Taf. II zeigt, ist hier die Drosselungsperiode für den Eintritt $= 2^1/_2$ % gegen 9 % beim Muschelschieber. Die Drosselungsperiode für den Abschluss ist $= 13$ % gegen 26 % beim Muschelschieber.

2. Beispiel.

Auf Taf. V ist ein Trick-Schieber construirt für 15 mm Kanalweite und 50 % Füllung. Um die Wirkung der Compression abzuschwächen, ist Communication angenommen.

Hanrez-Schieber.

Der Schieber bewegt sich zwischen der feststehenden Platte P und dem Spiegel. Die Platte besteht aus einem Stück und erhält ebensoviele durch je einen Spielraum von der Länge m getrennte Lappen, als der Schieber Schlitze hat. Die Anzahl der letzteren, nach welcher sich die Geschwindigkeit der Kanaleröffnung und des Abschlusses richtet, ist beliebig.

Der Dampfeintritt erfolgt (Fig. 41) wie beim Trick-Schieber sowohl an der Expansionskante des Schiebers, als von der andern Spiegelseite her durch den Schieberkanal hindurch und ausserdem noch durch die Schlitze im Rücken des Schiebers.

Hat der letztere also n Schlitze, so strömt durch diese ein Dampfstrahl von der Dicke $n \cdot k'$, gleichzeitig aber auch von der andern Spiegelseite her durch den Schieberkanal ein solcher von der Dicke k', so dass durch den Schieberkanal im Ganzen ein Dampfstrahl von der Dicke $(n + 1) \cdot k'$ strömt.

Mit der Eröffnung an der Expansionskante zusammen gibt dies eine totale Eröffnung $(n + 2) \cdot k'$. Ist also die Cylinderkanalweite wieder $= k$, und wird die Breite der Schlitze gleich derjenigen des Cylinderkanals, so ist bei n Schlitzen deren Weite

$$k' = \frac{k}{(n + 2)} \quad \cdot \quad \cdot \quad \cdot \quad \cdot \quad \cdot \quad \cdot \quad \cdot \quad \cdot \quad 22)$$

zu nehmen und die Weite des Schieberkanals

$$k_1 = (n + 1) k' \quad \cdot \quad \cdot \quad \cdot \quad \cdot \quad \cdot \quad \cdot \quad \cdot \quad 23)$$

Hat der Schieber (Fig. 41) den Weg $\xi = a_h$ aus seiner Mittelstellung nach links zurückgelegt, so soll der Eintritt des Dampfes sowohl an der Expansionskante, als durch den Schieberkanal und ausserdem noch durch die Schlitze erfolgen. Die Ueberdeckung der letzteren auf der Rücklaufseite durch die Platte muss also, wie Fig. 37 zeigt, $= a_h$ sein, während diejenige auf der Hinlaufseite $= a_r$ ist.

Damit immer der volle Querschnitt der Schlitze für den Dampfeintritt ausgenützt ist, darf derjenige auf der Rücklaufseite bei äusserster Schieberstellung rechts nicht unter den Schieberlappen der Hinlaufseite treten, d. h. es muss der Spielraum zwischen den beiden Lappen

$$m \geqq e - a_r \quad \cdot \quad \cdot \quad \cdot \quad \cdot \quad \cdot \quad \cdot \quad \cdot \quad 24)$$

sein, wie aus Fig. 38 sich ergibt. Ist dieser Bedingung genügt, so bleibt bei der äussersten Schieberstellung auf der Rücklaufseite (Fig. 39) die Schlitzkante der Hinlaufseite noch etwas von der Schieberlappenkante abstehen.

Die Dimensionen des Schieberspiegels sind wie beim Trick-Schieber zu bestimmen.

Aus vorstehender Wirkungsweise des Schiebers ergibt sich nach Bestimmung des Voreilwinkels für die Construction der Eintrittsfläche Folgendes. Man ziehe im Abstande k' von $E\,E_3$ senkrecht; durch die Schnittpunkte $E_1'\,E_2'$ dieser Senkrechten mit dem Schieberkreis ziehe man Horizontale, trage auf diesen nach aussen $(n + 1)\,k'$ ab, verbinde G mit E und G' mit E_3, so schliessen diese Linien die Eintrittsfläche ein.

Die Construction der Austrittsfläche, sowie diejenige der Communicationsfläche ist genau wie beim Trick-Schieber.

Ausser den beim Trick-Schieber angegebenen Stellungen verzeichne man zur Controlle den Schieber noch in derjenigen Stellung, bei welcher die Eröffnung an der Expansionskante $= k'$ ist (Fig. 40).

Beispiel.

Auf Taf. VI ist ein Hanrez-Schieber construirt für eine Kanalweite $k = 16$ mm, eine Füllung $= 60\,\%$ bei $18\,\%$ Compression.

Die totale Kanaleröffnung ist bei $1,5\,\%$ Hinlauf $= k$; die Drosselungsperiode für den Abschluss ist $= 10\,\%$.

Kanal-Schleppschieber von Ehrhardt. Taf. VII.

Der Muschelschieber M, welcher hauptsächlich den Dampfaustritt steuert, ist innerhalb des Schleppschiebers S angeordnet und wird von diesem vermittelst der Knaggen mitgeschleppt. Der Zweck dieser Verschleppung ist eine Verzögerung sowohl des Voraustritts, als auch des Compressionsanfanges. Gleichzeitig wird aber auch, wie beim Trick-Schieber, durch den Schieberkanal eine Verdoppelung der Einströmfläche erreicht. Da der Trick-Schieber bei kleinen Füllungen frühen Voraustritt und Compressionsanfang gibt, so ist an Stelle desselben vortheilhaft ein Kanal-Schleppschieber anzuwenden.

In Fig. 44 ist der Schieber in der ideellen Mittelstellung (welche in Wirklichkeit nicht eintritt) gezeichnet. Der Spielraum zwischen den Stossknaggen ist hierbei beiderseits gleich der Verschleppung v. Bei der Eröffnung des Kanals (Fig. 45) wird der innere Schieber vom äusseren geschleppt; es ist also der Spielraum zwischen den Stossknaggen einerseits $= \theta$, anderseits $= 2\,v$ und die dem Dampfdurchgang gebotene Kanalweite einerseits $= (k_1 - v)$, anderseits $= (k_1 + v)$.

Die Kanaleröffnung erfolgt demnach, ähnlich wie beim Trick-Schieber, so lange mit doppelter Geschwindigkeit, bis der Schieber von der Stellung Fig. 45 ab den Weg $(k_1 - v)$ zurückgelegt hat, Fig. 47; von da ab addirt sich einfach die Schieberkanalweite $(k_1 - v)$ zur Eröffnung der äusseren Schieberkante.

Hat der äussere Schieber den Weg e aus seiner Mittelstellung nach links zurückgelegt (Fig. 46), so bleibt der innere Schieber stehen und da hierbei der

Spielraum zwischen den Stossknaggen auf der Rücklaufseite $= 2\,v$ ist, so wird der innere Schieber erst, nachdem der äussere diesen Weg aus der Endstellung zurückgelegt hat, behufs Absperrung des Austritts von der Rücklaufstossknagge zurückbewegt. Derselbe Vorgang spielt sich auf der anderen Spiegelseite ab.

Bezeichnet k die Cylinderkanalweite, so nehme man für grosse Füllungen

$$e \geqq k + a.$$

Bei kleinen Füllungen construire man den Schieber derart, dass die Eröffnung der Aussenkante desselben mit der durch den Schieberkanal gebotenen zusammen eine totale Eröffnung $= k$ gibt. Es wird dann

$$e = k + a - (k_1 - v) \quad \ldots \ldots \ldots \quad 25)$$

Die Kanalweite am Spiegel wird im ersten Fall

$$k_s = k\,,$$

im zweiten Fall

$$k_s = k + w,$$

oder, wie aus Fig. 46 sich ergibt:

$$k_s = (e - a) + w + (k_1 - v).$$

Hieraus folgt

$$k_s - (e - a) - w = (k_1 - v).$$

Setzt man $k + w$ für k_s, so folgt

$$k + w - (e - a) - w = (k_1 - v)$$

oder

$$k + v - (e - a) = k_1 \quad \ldots \ldots \ldots \ldots \quad 26)$$

Für grosse Füllungen wird nach Fig. 47

$$k_s > 2\,(k_1 - v) + w,$$

woraus sich ergibt:

$$k_1 < \frac{(k_s - w) + 2\,v}{2}. \quad \ldots \ldots \ldots \ldots \quad 27)$$

Man construire Voreilwinkel, Excentricität und Deckung wie beim Muschelschieber; nehme eine Verschleppung v an, ebenso die Wanddicke w; berechne die Kanalweite am Spiegel, sowie die ideelle Schieberkanalweite k_1 und controllire schliesslich, ob die Kanaleröffnung $(e - a) + (k_1 - v) \geqq k$ wird, andernfalls ändere man entsprechend ab.

Aus Fig. 46 ergibt sich die Rippe

$$r = e + w + (k_1 - v) - a - k_s + \text{Deckung.} \quad \ldots \ldots \quad 28)$$

Der Steg wird wie beim Trick-Schieber (Fig. 45)

$$s = a_h + a_r - w.$$

Der Abdampfkanal wird nach Fig. 44 u. 46

$$k_0 \geqq i_r + (e - v) + k_s - r \quad \ldots \ldots \ldots \quad 29)$$

Hinlaufdiagramm.

Die Kanaleröffnung erfolgt von der Stellung Fig. 45 ab, sowohl an der Expansionskante des Aussenschiebers als durch den Schieberkanal hindurch von der andern Spiegelseite her. Diese mit doppelter Geschwindigkeit erfolgende Kanaleröffnung dauert so lange, bis der äussere Schieber von genannter Stellung ab den Weg $(k_1 - v)$ zurückgelegt hat (Fig. 47). Man ziehe also im Abstande $(k_1 - v)$ rechts und links von der Deckungslinie Senkrechte. Durch den Schnittpunkt der äusseren dieser beiden Senkrechten mit dem Schieberkreis ziehe man horizontal. Schneide aus E mit e als Radius in die Bewegungsmittellinie ein und aus M wieder durch E und H.

Von der Stellung Fig. 47 ab bis zum Excenterhubwechsel addirt sich die Schieberkanalweite $(k_1 - v)$ zur Eröffnung der Expansionskante. Die im Abstande $(k_1 - v)$ von der Deckungslinie gezogene Senkrechte bildet also die innere Begrenzungslinie der Eintrittsfläche.

Beim Schieberhubwechsel ist die Kanaleröffnung

$$= (e - a) + (k_1 - v) \leqq k_s - w$$

und bleibt beim Rückgange des Schiebers so lange in dieser Grösse bestehen, bis die Wand w über der Mitte des Spiegelkanals steht, d. h. bis der Abstand der Expansionskante des Schiebers von der Füllungskante des Spiegels

$$= \frac{k_s - w}{2}$$

ist (Fig. 48). Man ziehe in diesem Abstande rechts und links von der Deckungslinie Senkrechte, durch E_2 eine Horizontale und schliesse aus O mit einem Kreisbogen vom Radius e an die durch H gehende Vertikale an. Von der Stellung Fig. 48 ab wird die Kanalöffnung sowohl von der Expansionskante des Schiebers, als durch die Wand- bezw. Stegkante der anderen Seite verengt und schliesslich abgeschlossen. Man schlage deshalb aus M mit e als Radius durch E_3 und H' einen Kreisbogen, welcher den Abschluss der Eintrittsfläche bildet.

Hat der Aussenschieber seine äusserste Stellung erreicht, Fig. 46, so muss er, um den Hinlaufkanal für den Austritt zu eröffnen, einen Weg zurücklegen

$$= 2v + (e - v) + i$$
$$= e + i + v,$$

weil der Aussenschieber den Weg $2v$ allein zurücklegt und die Compressionskante um $(e - v)$ zurückgeschoben werden muss, um in ihre Mittellage, Fig. 44, zu kommen, und dann noch um i, damit der Kanal geöffnet werde. Die Eröffnung des Austritts wird also um die Verschleppung verschoben.

Der Abschluss des Austritts erfolgt, nachdem der Schleppschieber aus seiner äussersten Stellung einen Weg

$$2v + (e - v) - i = e + v - i$$

zurückgelegt hat, d. h. um die Verschleppung später als beim gewöhnlichen Schieber mit gleichen Deckungen wie der Kanal-Schleppschieber.

Bei äusserster Schieberstellung bietet der Spiegelkanal dem Dampfaustritt eine Durchgangsweite

$$= e - v - i \leqq k_s.$$

Um die Austrittsfläche zu construiren, schneide man aus der dem gewünschten Compressionsanfang entsprechenden Kurbelstellung mit c in den Schieberkreis ein und ziehe im Abstande v vom Schnittpunkte eine Senkrechte, so ist der Abstand der letzteren von DF die innere Deckung. Im unteren Theile des Diagramms ziehe man im Abstande v von der inneren Deckungslinie eine Senkrechte, deren Schnittpunkt mit dem Schieberkreis die dem Beginn des Voraustritts entsprechende Excenterstellung bezeichnet. Zur Vervollständigung des Diagramms ziehe man noch im Abstande

$$e - v - i \leqq k_s$$

von den letztgenannten Linien Senkrechte, und es sind nun die Kanaleröffnungen wie bisher innerhalb der schraffirten Flächen zu messen.

Aus Vorstehendem ergibt sich die grösstmögliche Verschleppung v^m, d. h. diejenige, bei welcher der Schieber den Austritt erst in dem Moment zu öffnen beginnt, wenn die Kurbel im Todtpunkt steht; man schneide im Rücklaufdiagramm aus K_h mit c in den Schieberkreis ein und ziehe durch den Schnittpunkt horizontal, so erhält man in v^m die grösstmögliche Verschleppung.

Rücklaufdiagramm.

Da die Deckung $a_r < a_h$ ist, so tritt, wenn man beiderseits

$$k_s = (e - a_h) + w + (k_1 - v)$$

gemacht hat, auf der Rücklaufseite der Schieberkanal und eventuell auch die Wand auf die Rippe. Die Dampfvertheilung stellt sich dann wie folgt dar.

Von E_0 bis E_1 Eintritt sowohl an der Expansionskante als durch den Schieberkanal; Bogen $E_0 G$ wird aus M mit e als Radius geschlagen. Die Senkrechten $G J$ und $E_1 E_2$ werden in einem Abstande $= (k_1 - v)$ von der Deckungslinie gezogen. Von E_1 bis E' addirt sich die Schieberkanalöffnung $(k_1 - v)$ zur Eröffnung der Expansionskante. $G J$ ist deshalb in diesem Abstande parallel zur Deckungslinie zu ziehen. Steht (analog Fig. 46) die äussere Kante der Muschel genau über der Auspuffkante des Spiegels, so ist die totale Kanaleröffnung $= (k_s - w)$ und der Abstand der Expansionskante des Schiebers von der Füllungskante

$$= k_s - [(k_1 - v) + w].$$

Man ziehe in diesem Abstande von der Deckungslinie senkrecht und durch E' horizontal, wodurch sich Schnittpunkt J ergibt. Von E' bis E_h tritt der Schieberkanal auf die Rippe; die Kanaleröffnung bleibt constant $(k_s - w)$, indem die Expansionskante ebensoviel eröffnet, als der Schieberkanal durch Auftreten auf die Rippe verengt wird. Man schlage also mit e aus O durch J einen Kreisbogen, welcher je nach der Grösse der Schieberkanalweite $(k_1 - v)$ die Deckungslinie schneidet oder tangirt. Bei der Excenterstellung E_h ist der Schieberkanal vollständig auf die Rippe getreten; diese Stellung ergibt sich, wenn man im Abstande $(k_s - w)$ von der Deckungslinie mit einer Senkrechten in den Schieberkreis einschneidet. Von E_h bis zum Excenterhubwechsel wird der Kanal von der Expansionskante noch etwas weiter eröffnet (eventuell bis k_s), während gleichzeitig auch die Wand ein wenig auf die Rippe tritt.

Nach dem Excenterhubwechsel verengt die Expansionskante den Kanal, bis die Wand von der Rippe zurückgetreten ist und nun der Schieberkanal wieder zur Wirkung kommt.

Von E'_h bis E'' bleibt die Kanaleröffnung wieder constant $= (k_s - w)$, indem der Schieberkanal ebensoviel eröffnet, als durch die Expansionskante verengt wird.

Von E'' bis E_2 ist der Schieberkanal vollständig geöffnet, während die Expansionskante den Kanal k_s weiter verengt.

Von E_2 bis E_3 wird die Kanalöffnung sowohl durch die Expansionskante als durch die Wand- bezw. Stegkante der Hinlaufseite verengt und schliesslich in E_3 abgeschlossen. Die obere Diagrammhälfte ist also genau ebenso zu construiren wie die untere. Die Austrittsfläche wird wie beim Hinlaufdiagramm construirt.

Macht man die Excentricität $e = k + a$, so sind beide Diagramme so zu construiren wie das Rücklaufdiagramm in vorliegendem Beispiel. Ist hierbei die Füllung gross, so rückt die Deckungslinie näher an DF heran, die grösste Kanaleröffnung wird $= (e - a) \leqq k_s$.

Man ziehe also in diesem Abstande von der Deckungslinie eine Senkrechte, welche die äussere Begrenzungslinie bildet und construire im Uebrigen nach Vorstehendem.

Die Controlle ist wie beim Trick-Schieber auszuführen.

B e i s p i e l.

Der auf Taf. VII dargestellte Kanal-Schleppschieber ist für eine Kanalweite $k = 16$ mm und eine Füllung $= 60\,\%$ construirt. Der Voraustritt beginnt bei $6\frac{1}{2}\,\%$ gegen $10\,\%$ beim Trick-Schieber, Taf. VI.

Schieber für Woolf'sche Maschinen. Taf. VIII.

In Fig. 51 bis 53 ist die Construction eines Hick-Schiebers dargestellt für Woolf'sche Maschinen mit neben einander liegenden Cylindern, deren beide Kolben auf eine Kurbel oder Balancier wirken. Die beiden äusseren Kanäle führen zum Hochdruckcylinder, die inneren zum Niederdruckcylinder. Wird der

Schieber aus seiner Mittelstellung, Fig. 51, nach links geschoben, so tritt auf der Hinlaufseite des Hochdruckcylinders frischer Dampf ein; der vorexpandirte Dampf der Rücklaufseite des Hochdruckcylinders tritt durch den Schieberkanal über nach der Hinlaufseite des Niederdruckcylinders und es wirkt auf die Kurbel sowohl der vom frischen Dampf des Hochdruckcylinders erzeugte Kolbendruck, als derjenige des Niederdruckkolbens. Gleichzeitig tritt der verbrauchte Dampf der Rücklaufseite des Niederdruckcylinders durch die Muschel in den Auspuff oder in den Condensator.

Betrachtet man jeweils die beiden äusseren und die beiden inneren Schieberlappen für sich, so ist die Wirkungsweise derselben auf die zugehörigen Kanäle genau dieselbe wie beim gewöhnlichen Muschelschieber und dementsprechend ist auch die Construction der Diagramme die gleiche. Da man 4 Kanäle hat, so hat man auch 4 Diagramme zu construiren. Zur Beurtheilung der gesammten Dampfvertheilung trage man die Dampfperioden aus dem einen Diagramm in das zugehörige andere Diagramm ein, z. B. diejenigen des Rücklaufdiagrammes des Niederdruckcylinders in das Hinlaufdiagramm des Hochdruckcylinders.

Die Kanalweiten k des Hochdruck- und des Niederdruckcylinders sind gleich zu machen und die Breiten den Cylinderquerschnitten anzupassen.

Der Schieberlappen für den Niederdruckcylinder darf nicht über die Brücke b hinausgehen; es ist also diese

$$b \geqq a'_h + e, \dots \dots \dots \dots \dots \quad 30)$$

die übrigen Dimensionen des Schieberspiegels sind wie beim Muschelschieber zu bestimmen.

Die Fig. 54—56 zeigen einen Schieber für Woolf'sche Maschinen mit hintereinander liegenden Cylindern, wobei die Kolben auf eine Kurbel wirken. Zweck und Wirkungsweise sind dieselben wie beim Hick-Schieber. Für die Dimensionirung des Schieberspiegels ergibt sich Folgendes: da der Schieberlappen für den Rücklaufkanal des Hochdruckcylinders nicht über die Brücke b hinausgehen darf, so ist diese

$$b \geqq i_r + e. \dots \dots \dots \dots \dots \quad 31)$$

Die Wände w und w_1 dienen blos zum dampfdichten Abschluss, nicht zur Steuerung. Dieselben dürfen die Kanalkanten nicht überschreiten, es ist also die Brücke

$$b_1 = 2\,e + w, \dots \dots \dots \dots \dots \quad 32)$$

ebenso der Steg

$$s_1 = 2\,e + w_1.$$

Um die Bildung eines Ansatzes infolge der Abnützung zu vermeiden, wird man s_1 um einige Millimeter kleiner nehmen, als vorstehende Formel ergibt. Die übrigen Dimensionen sind wie beim Muschelschieber zu bestimmen.

Im vorliegenden Beispiel sind die Dampfperioden für den Niederdruckcylinder in die zugehörigen Diagramme für den Hochdruckcylinder eingezeichnet.

Farcot-Steuerung.

a) Steuerung mit getrennten Expansionsplatten. Taf. IX.

Die Kanalweite k des Grundschiebers ist in zwei oder mehrere Schlitze von der Weite k_1 getheilt. Kommt der Schieber in die Nähe seines Hubwechsels, so stösst das Horn h der einen Expansionsplatte an eine Knagge an der Schieberkastenwand, wodurch die Schlitze auf dieser Schieberseite geöffnet werden, indem der Grundschieber unter der so angehaltenen Expansionsplatte weitergeht. Gleichzeitig stösst die andere Expansionsplatte, welche beim vorhergegangenen Schieberhub die zugehörigen Schlitze geöffnet hatte, an die Daumenscheibe, wodurch die Schlitze auf dieser Schieberseite geschlossen werden.

Während des übrigen Theiles der Schieberbewegung werden die Expansionsplatten durch den Dampfdruck in der durch den vorhergegangenen Anstoss bewirkten Stellung festgehalten.

Die Daumenscheibe sitzt auf einem Bolzen, welcher durch den Schieberkastendeckel geht und ausserhalb mit Handrad und Zeigerscheibe zum Einstellen von Hand oder mit Hebel und Zugstange für Regulatorangriff versehen ist.

Es bezeichnet:

k die Kanalweite,

k_1 die Schlitzweite,

n die Anzahl der Schlitze auf einer Schieberseite,

ξ^m den der Maximalfüllung entsprechenden Schieberweg,

r den kleinsten Radius der Daumenscheibe,

y^0 die der Minimalfüllung entsprechende Verlängerung der Daumenscheibe,

y^{10} y^{20} etc. die den Füllungen 10%, 20% entsprechenden Verlängerungen,

d^0 die Ueberdeckung der äusseren Schlitzkante durch die Expansionsplatte beim Excenterhubwechsel und Minimalfüllung,

z die Ueberdeckung der inneren Schlitzkante beim Excenterhubwechsel und Minimalfüllung,

O die Kanaleröffnung.

Das Diagramm für den Grundschieber ist genau wie beim Muschelschieber. Da der Abschluss der Schlitze durch den Expansionsschieber bewirkt wird, eine Ungleichheit im Kanalabschluss sich also nicht bemerkbar machen wird, so kann man hier, wie bei sämmtlichen folgenden Expansionssteuerungen, die äusseren Deckungen beiderseits gleich machen, um einen möglichst symmetrischen Schieber zu erhalten. Die inneren Deckungen sind aber wieder, der verlangten Compression entsprechend, aus dem Diagramm zu entnehmen.

Der Kanal soll bei keiner Schieberstellung von der Kante W (Fig. 61) verengt werden, die Durchlassweite wird also

$$k' = e - a. \qquad \ldots \ldots \ldots \ldots \quad 33)$$

Wenn die Kante E des Schiebers über der Füllungskante F des Spiegels steht, muss die Kante W schon auf dem Steg stehen, da andernfalls der Dampf anstatt durch die Schlitze unter der Wand W hindurch eintreten würde und eine sehr kleine bezw. Nullfüllung unmöglich würde. Es soll deshalb sein

$$s > k'. \quad\ldots\ldots\ldots\ldots \quad 34)$$

Aus der Abschlussstellung für Maximalfüllung (Fig. 64) ergibt sich die zum Abschluss erforderliche Expansionsschieberlänge (von Grundschiebermitte aus gemessen)

$$l^m = \xi^m + r + \lambda.$$

Aus der Abschlussstellung bei Minimalfüllung ergibt sich

$$l^0 = \xi^0 + r + y^0 + \lambda.$$

Es muss nun $l^0 = l^m$ sein und da $\xi^0 < \xi^{m'}$, r und λ aber unveränderlich sind, so muss die Daumenscheibe für Minimalfüllung um die Differenz y^0 der Schieberwege länger werden als diejenige für Maximalfüllung. Die Differenzen y^{20} etc. für die zwischenliegenden Füllungen werden also von der Maximalfüllung aus gemessen.

Construirt man vermittelst c die den gegebenen Füllungsabstufungen entsprechenden Grundschieber-Excenterstellungen und zieht hierdurch Senkrechte, so ergibt sich der Weg, den der Grundschieber nach Abschluss des Schlitzes bis zum Excenterhubwechsel noch zurücklegt, d. h. die Ueberdeckung d, welche bei äusserster Schieberstellung erreicht ist (Fig. 62). Diese Ueberdeckung wird ein Maximum für Minimalfüllung, da dort der Schieber am frühesten abgeschlossen und dann bis zum Hubwechsel einen grössten Weg zurückzulegen hat. Sie wird $= \theta$ für eine Füllung, bei welcher im Moment des Abschlusses das Excentermittel in E^m steht. Die dieser Excenterstellung entsprechende Füllung ist also die erreichbare Maximalfüllung. Man findet die entsprechende Kurbelstellung, indem man aus E^m mit c in den Kurbelkreis einschneidet. Hieraus folgt auch, dass, je kleiner c, d. h. je kleiner die Deckung a ist, desto grösser die erreichbare Maximalfüllung wird. Da aus dem Rücklaufdiagramm eine kleinere Maximalfüllung sich ergibt als aus dem Hinlaufdiagramm, so ist dieselbe dem Rücklaufdiagramm zu entnehmen.

Die Schlitzweite nehme man

$$k_1 \geqq \frac{k}{n}.$$

Damit die Schlitze bei Maximalfüllung abgeschlossen werden, muss

$$k_1 < y^0$$

sein. Die Länge L des Schiebers ergibt sich aus der Abschlussstellung bei Maximalfüllung (Fig. 64)

$$L = \xi^m + r + \lambda. \quad\ldots\ldots\ldots \quad 35)$$

Den Schieberweg ξ^m entnehme man dem Rücklaufdiagramm. Der Radius r der Daumenscheibe und die Grösse λ (für Hinlaufseite) ist anzunehmen.

Die Länge l der Expansionsplatten und Brücken bestimmt sich aus der äussersten Schieberstellung bei Minimalfüllung (Fig. 62), da dieselben bei dieser Stellung die Innenkante der Schlitze noch um z überdecken sollen

$$l = d^0 + k_1 + z. \quad \ldots \ldots \ldots \ldots \quad 36)$$

Hierin ist die Deckung d^0 dem Diagramm zu entnehmen, z für dampfdichten Abschluss genügend gross anzunehmen.

Da die Daumenscheibe bei jeder beliebigen Schieberstellung zwischen die Stossknaggen gehen muss, so ist

$$l - \lambda > r + y^0.$$

Hat man die Schieberlänge L und die Plattenlänge l beiderseits gleich gemacht, so folgt für die Rücklaufseite, weil die Schieberwege ξ_h und ξ_r verschieden sind,

$$\lambda_r = L - (\xi_r^m + r). \quad \ldots \ldots \ldots \quad 37)$$

Die Länge h des Eröffnungshornes ergibt sich aus der äussersten Schieberstellung, indem hierbei die Schlitze im Grundschieber geöffnet sein müssen. Hat der Schieber z. B. 3 Schlitze (n = 3), so ergibt das 2 Brücken (oder n — 1) und es ist

$$h = L' - [e + L + (n - 1)\,l + (n - 2)\,k_1)]. \quad \ldots \ldots \quad 38)$$

Es wird also der Spielraum zwischen Horn und Knagge bei Schiebermittelstellung = e.

Die Daumenkurve ist als Evolvente zu construiren und ist nach Seemann für einen Drehwinkel α der Scheibe der Abwicklungsradius

$$\varrho = \frac{y^0 \cdot 180^0}{\pi \cdot \alpha^0}. \quad \ldots \ldots \ldots \ldots \quad 39)$$

Man schlage mit dem Nabenradius r einen Kreis und ziehe 2 Senkrechte tangential daran; ziehe die Stossrichtungen horizontal und tangential an den Abwicklungskreis, so ist der Schnittpunkt A derselben mit ebengenannten Senkrechten der Anfangspunkt der Evolvente. Man construire die Kurve für Hinlauf, indem man auf dem Abwicklungskreis von a aus eine Anzahl gleicher Theile abträgt, in den Theilpunkten Tangenten errichtet, auf diesen r + 1 Theil, r + 2 Theile etc. abträgt und die Punkte durch eine Kurve verbindet. Behufs Construktion der Kurve für die Rücklaufseite trage man auf der Hinlaufsstossrichtung von A aus die nach Obigem construirten Daumenlängen y_h^{20}, y_h^{10} etc. und auf der Rücklaufstossrichtung die Strecken y_r^{20}, y_r^{10} etc. ab; schneide aus O durch y_h^{10} etc. in die Daumenkurve für Hinlauf ein und ziehe durch die Schnittpunkte diametral. In diese Diametralen schneide man durch y_r^{10} etc. ein, so erhält man durch Verbinden der Punkte die Daumenkurve für die Rücklaufseite.

Die einer beliebigen Kurbel- bezw. Excenterstellung entsprechende Kanaleröffnung ist

$$o = n\,[L - \xi - (r + y) - \lambda]$$

oder da

$$L = \xi^m + r + \lambda$$

$$o = n\,[\xi^m + r + \lambda - \xi - r - y - \lambda]$$

$$o = n\,[\xi^m - \xi - y] \quad . \; . \; . \; . \; . \; . \; . \bullet \; . \; . \; . \; . \; . \; . \; . \quad 40)$$

Um die Kanaleröffnungskurve für eine bestimmte Füllung zu verzeichnen, ziehe man zwischen der der betreffenden Füllung entsprechenden Excenterstellung und der Anfangsstellung E eine Anzahl Horizontale. Durch die der Maximalfüllung entsprechende Excenterstellung ziehe man vertikal, so schneidet diese von ebengenannten Horizontalen ein Stück $= (\xi^m - \xi)$ ab. Hiervon ist noch mittelst Zirkels das der betreffenden Füllung und Schieberseite entsprechende y abzuziehen, der Rest n-mal auf der Horizontalen abzutragen und die Punkte zu verbinden.

b) Farcot-Steuerung mit ungetheilter Expansionsplatte. Taf. X.

Ueber dem Schieber geht in der Bewegungsmittellinie desselben eine Stange durch den Schieberkasten, auf welcher beiderseits Schnecken aufgesteckt und befestigt sind. An diese Schnecken stossen die Hörner der Expansionsplatte, wodurch die auf der Seite der angestossenen Schnecke liegenden Schlitze geöffnet werden, während gleichzeitig die anderseitigen geschlossen werden. Die Stange trägt ausserhalb des Schieberkastens eine Zeigerscheibe, um die augenblickliche Füllung ablesen zu können, sowie ein Handrad, vermittelst dessen die Steuerung regulirt wird. Statt dessen kann aber auch ein Regulator auf die Steuerung einwirken.

Behufs Bestimmung der Steigung der Schnecken nehme man den Durchmesser derselben, sowie den der ganzen Füllungsänderung entsprechenden Drehwinkel α an; trage den abgewickelten Bogen b in der Zeichnung auf und ziehe durch die Endpunkte horizontal. Nehme eine geringste Dicke bezw. Länge δ der Schnecke an, trage diese Grösse, sowie y^0 auf der einen Horizontalen ab und ziehe vertikal bis zum Schnitt mit der anderen Horizontalen. Die Neigung der Verbindungslinie dieser beiden Punkte gegen die Vertikale ergibt die Steigung der Schnecke, welche für beide Cylinderseiten verschieden ist. Da der Abschluss der Schlitze immer von der entgegengesetzten Schieberkastenseite aus erfolgt, so ist die Schnecke, welche den Abschluss auf der Hinlaufseite bewirken soll, auf die Rücklaufseite zu setzen und umgekehrt.

Eine ganz korrekte Dampfvertheilung ist mit dieser Steuerung insofern nicht zu erzielen, als es unmöglich ist, die Schlitze sowohl für Minimalfüllung, als auch für Maximalfüllung für den Dampfeintritt vollständig öffnen zu lassen.

Man construire deshalb die Steuerung derart, dass bei Maximalfüllung die Schlitze vollständig geöffnet werden und controllire dann, ob die bei Minimalfüllung gebotene Kanaleröffnung noch genügt. Eventuell verbreitere man die Schlitze oder füge noch einen solchen hinzu.

Lässt man (Fig. 69) die Schlitze bei Maximalfüllung und äusserster Schieberstellung vollständig öffnen, so wird bei Minimalfüllung die Kante G um y^0 über die Kante H hinweggleiten (Fig. 70). Da bei äusserster Schieberstellung die Schlitze der Hinlaufseite von der Kante G der Platte noch um ein Stück z_1 überdeckt sein müssen, so ist

$$2\,L = 2\,k_1 + y_h^0 + z_1$$

und hieraus

$$L = k_1 + \left(\frac{y_h^0 + z_1}{2} \right) \quad \ldots \ldots \ldots \quad 41)$$

Aus der Stellung Fig. 69 ergibt sich weiter

$$l_1 = 2\,L + d^m - k_1. \quad \ldots \ldots \ldots \quad 42)$$

Die Plattenlänge l ist wie oben

$$l = d_h^0 + k_1 + z. \quad \ldots \ldots \ldots \quad 43)$$

Die Länge h des Horns bestimmt sich aus der äussersten Schieberstellung bei Maximalfüllung. Es ist Fig. 69

$$h = L' - [e + L + (n-1)\,l + (n-2)\,k_1]. \quad \ldots \ldots \quad 44)$$

Hat man hiernach das rechts- oder linksseitige Horn bestimmt, so ergibt sich das anderseitige aus der betreffenden Abschlussstellung (Fig. 71)

$$h = L' - [(\xi - L) + l_1 + (n-1)\,(l + k_1)]. \quad \ldots \ldots \quad 45)$$

Nimmt man die Länge des Hornes an und zwar beiderseits gleich gross, so wird

$$L'_r = e + L + (n-1)\,l + (n-2)\,k_1 + h \quad \ldots \ldots \quad 46)$$

und

$$L'_h = (\xi - L) + L_1 + (n-1)\,(l + k_1) + h. \quad \ldots \ldots \quad 47)$$

In vorstehenden Formeln ist, je nachdem man L'_h oder L'_r berechnen will, der dem Hinlauf- oder der dem Rücklaufdiagramm entnommene Schieberweg einzusetzen.

Meyer-Steuerung. Taf. XI.

a) Steuerung mit zwei Expansionsplatten.

Auf dem Rücken des Grundschiebers bewegt sich ein durch ein zweites Excenter angetriebener Expansionsschieber, welcher aus zwei durch die Schieberstange verbundenen Platten besteht. Behufs Aenderung der Füllung werden diese Platten, je nachdem die Füllung kleiner oder grösser werden soll, auseinandergeschoben oder näher zusammengerückt. Da dies von der Mitte des Expansionsschiebers aus nach beiden Seiten geschehen muss, so trägt die Expansionsschieberstange Rechts- und Linksgewinde.

Der Schieberspiegel sowie die untere Seite des Grundschiebers ist wie bei der Farcot-Steuerung zu bestimmen. Ebenso ist das Diagramm für den Grundschieber wie bisher zu construiren. Nachdem dies geschehen, schlage man (Fig. 73 und 74) mit der Excentricität e_0 des Expansionsexcenters den Expansionsschieberkreis und mit der (angenommenen) Entfernung e_r der beiden Excentermittel (relative Excentricität) den relativen Schieberkreis. Schneide aus E mit e_r in den Expansionsschieberkreis ein, so ergibt sich die Stellung E_0 des Expansionsexcenters. Verbindet man nun noch E und E_0 mit C, sowie E mit E_0 und zieht $C E_r \parallel E E_0$, so ergibt sich die Stellung E_r des relativen Excenters. Schliesslich verbinde man noch K_h mit E und E_r, wodurch man c und c_r erhält.

Nachdem man den Grundschieber für die gegebene Compression und eventuell auch Füllung construirt hat, hat man nur noch die gegenseitige Bewegung der beiden Schieber zu betrachten. Diese lässt sich derart construiren, dass man aus der betreffenden Kurbelstellung vermittelst c die Grundschieberstellung bestimmt, aus dieser mit e_r in den Expansionsschieberkreis einschneidet und die beiden Stellungen auf die Bewegungsmittellinie projicirt. Denkt man sich nun das durch die Excentermittel E, E_0 und E_r gebildete Parallelogramm um einen beliebigen Winkel um C gedreht (Fig. 73 a) und die Stellungen der drei Excentermittel auf die Bewegungsmittellinie projicirt, so ergibt sich aus der Parallelität der Seiten $E E_0$ und $E_r C$, dass der Abstand des relativen Excenters von der Senkrechten D F gleich dem Abstand der beiden anderen Excentermittel ist.

Man kann also die relativen Schieberwege, d. h. die einer beliebigen Kurbelstellung entsprechenden Abstände der Excenter- bezw. Schiebermittel durch die Strecke c_r direkt aus der Kurbelstellung construiren.

Aus Fig. 77 ergibt sich die Expansionsschieberlänge für Maximalfüllung (gemessen von Schiebermitte bis Abschlusskante)

$$l^m = L - \xi_1^m. \qquad \ldots \ldots \ldots \ldots \quad 48)$$

Aus Fig. 76 folgt diejenige für Minimalfüllung

$$l^0 = L + \xi_1^0. \qquad \ldots \ldots \ldots \ldots \quad 49)$$

Zwischen diesen beiden Längen besteht also eine Differenz

$$= \xi_1^m + \xi_1^0 = y^0.$$

Da das relative Excenter E_r der Kurbel nacheilt, so schneide man aus der Kurbelstellung für Maximalfüllung, sowie aus derjenigen für Minimalfüllung nach rückwärts mit c_r in den relativen Schieberkreis ein und man erhält ebengenannte beiden Schieberabstände bezw. ihre Summe y^0. Während die Expansionsplatten bei Maximalfüllung entweder ganz zusammengerückt sind oder einen kleinen Spielraum $s_h + s_r$ haben (d. h. während bei Maximalfüllung $y = \theta$ ist), sind dieselben für Minimalfüllung um die Strecke y^0 aus der Mitte zu verschieben, damit die äussere Schieberlänge obige Grösse l^0 erreicht. Die Plattenverschiebungen für die zwischen diesen Grenzen liegenden Füllungen werden deshalb in der Skala von der Maximalfüllung aus gemessen. Da die Schieberabstände für Hin- und Rücklaufseite verschieden ausfallen, so ist die Skala für beide Seiten zu construiren.

Im Momente des Schieberabschlusses ist bei Maximalfüllung der Schieberabstand $= \xi_1^m$ und die Ueberdeckung der Füllungskante im Rücken des Grundschiebers $= \theta$; bei der grössten relativen Verschiebung ist diese Ueberdeckung daher $= e_r - \xi_1^m$. Dieselbe ergibt sich für die verschiedenen Füllungen direkt aus dem Diagramm, wenn man durch die Stellungen des relativen Excenters Senkrechte zieht, im Abstande dieser Senkrechten vom Schnittpunkt E_m des relativen Schieberkreises mit der Bewegungsmittellinie. Für eine Füllung, bei welcher im Moment des Kanalabschlusses das relative Excenter im Punkte E_m steht, wird genannte Ueberdeckung $= \theta$. Man erhält also die erreichbare Maximalfüllung, bei welcher der Kanal blos abgeschlossen, aber nicht überdeckt wird, wenn man mit c_r aus E_m in den Kurbelkreis einschneidet. Aus dem Rücklaufdiagramm ergibt sich eine kleinere Maximalfüllung als aus dem Hinlaufdiagramm und es ist deshalb diejenige des Rücklaufdiagramms als richtig anzunehmen.

Aus dem Drehwinkel der Spindel und den Verschiebungen y_h^0 und y_r^0 bestimmt man die Steigungen der Spindel für die Hinlaufs- und die Rücklaufs-Expansionsplatte, wie bei der Farcot-Steuerung.

Befinden sich die Schieber in ihrer äussersten relativen Verschiebung (Fig. 78), d. h. ist die Entfernung ξ_1 der Schiebermitten E und E^0 am grössten ($\xi_1 = e_r$) und arbeitet zugleich der Schieber mit geringster Füllung — wobei die Platten am weitesten auseinander gestellt sind —, so könnte der Fall eintreten, dass die Innenkante des Expansionsschiebers über die Kanal-Innenkante hinausgeht und von hinten Dampf eintreten lässt. Damit dies nicht geschieht, muss die Schieberlänge

$$L = e_r + s_h + y^0 + z + k_1 \quad \ldots \ldots \ldots \ 50)$$

sein. Bei langen Cylindern führt man die Kanäle gewöhnlich nicht nach der Cylindermitte hin, sondern vom Cylinder gerade nach dem Schieberspiegel und theilt dementsprechend den Schieber in zwei Hälften, welche durch die Schieberstange verbunden sind. Hier kann man dann L annehmen und es ergibt sich aus obiger Formel

$$s_h = L - (e_r + y^0 + z + k_1). \quad\ldots\ldots\ldots\ldots \quad 51)$$

Aus der Abschlussstellung (Fig. 76) für Minimalfüllung ergibt sich die Expansionsplattenlänge

$$l = \xi_1^0 + L - \left(s_h + y_b^0\right). \quad\ldots\ldots\ldots\ldots \quad 52)$$

Gewöhnlich werden die Expansionsplattenlängen beiderseits gleich gemacht, es wird dann

$$s_r = L - \left(\xi_1^m + l\right). \quad\ldots\ldots\ldots\ldots \quad 53)$$

In Vorstehendem bezeichnet

y_h^0 die Plattenverschiebung für Minimalfüllung und Hinlaufseite,

y_r^0 dieselbe Grösse für Rücklaufseite,

z die (anzunehmende) innere Ueberdeckung des Expansionsschiebers bei grösster relativer Verschiebung und Minimalfüllung,

ξ_1^0 den Abstand der beiden Schiebermitten bei Abschlussstellung für Minimalfüllung und Hinlaufseite,

ξ_1^m denselben Abstand für Maximalfüllung und Rücklaufseite.

Die Kanaleröffnung des Expansionsschiebers bezw. der Abstand der Abschlusskanten für eine beliebige Schieberstellung ist (Fig. 78)

$$m = L - (l + y + s) \mp \xi_1. \quad\ldots\ldots\ldots\ldots \quad 54)$$

Hierin hat der Abstand ξ_1 ein negatives Vorzeichen, wenn die Expansionsschiebermitte zwischen der Grundschieber- und der Spiegelmitte steht, andernfalls ein positives. Um für eine bestimmte Füllung die Kanaleröffnungskurve zu verzeichnen, trage man auf einer Geraden die Strecke L sowie $(l + y + s)$ ab; von D aus trage man den der Kurbelstellung entsprechenden Schieberabstand ξ_1 je nach der Schieberstellung nach aussen oder nach innen ab und man erhält hierdurch die Grösse m. Die so erhaltenen Kanaleröffnungen sind auf Horizontalen, welche durch die zugehörigen Grundschieber-Excenterstellungen gezogen sind, abzutragen und mit denjenigen des Grundschiebers zu vergleichen. Die wirkliche Kanaleröffnung ist gleich der kleineren von beiden.

Zur Controle verzeichne man die Schieber in folgenden Stellungen für Hinlauf und Rücklauf:

    1. Abschluss bei Maximalfüllung,

    2. Abschluss bei Minimalfüllung,

    3. Grösste relative Verschiebung bei Maximalfüllung,

    4. Grösste relative Verschiebung bei Minimalfüllung.

Die der grössten relativen Verschiebung entsprechende Stellung des Expansionsschiebers ergibt sich, wenn man aus dem Schnittpunkt des relativen Schieberkreises und der Bewegungsmittellinie mit e in den Expansionsschieberkreis einschneidet. Die zugehörige Grundschieberstellung erhält man, wenn man aus dem genannten Schnittpunkt mit e_r in den Grundschieberkreis einschneidet.

b) Meyer-Steuerung mit ungetheilter Expansionsplatte. Taf. XII.

Wird eine Veränderlichkeit der Füllung überhaupt nicht oder nur in engen Grenzen verlangt, so wendet man vorliegende Steuerung an. Bei derselben besteht der Expansionsschieber aus einer einzigen Platte. Die Aenderung der Füllung wird durch Verstellen des Expansionsexcenters bewerkstelligt, welches deshalb nicht auf der Welle festgekeilt ist, sondern vom Grundschieberexcenter oder durch eine besondere Mitnehmerscheibe mitgenommen wird. Diese Verstellung kann bei den gewöhnlichen Constructionen nur während des Stillstandes der Maschine vorgenommen werden. Neuerdings geschieht dies aber auch selbstthätig während des Ganges der Maschine durch einen Achsenregulator.

Um eine möglichst grosse Veränderlichkeit der Füllung zu erzielen, ist der Voreilwinkel des Expansionsexcenters $\delta_0 \backsim 90^0$ zu machen.

Nachdem die Kurbelstellungen und aus diesen die Grundschieberexcenterstellungen wie bisher construirt sind, nehme man eine Minimalfüllung und die zugehörige relative Excentricität an und construire den der Abschlussstellung bei Minimalfüllung entsprechenden Schieberabstand ξ^0_1 für Hinlaufseite.

Da bei der vorliegenden Steuerung die Expansions-Schieberlänge unveränderlich ist, so bleibt dieser Schieberabstand auch für die übrigen Abschlussstellungen der Hinlaufseite bestehen, also auch für Maximalfüllung.

Um die den verschiedenen Füllungsgraden entsprechenden relativen Excentricitäten zu finden, ziehe man durch die Grundschieberexcenterstellungen Horizontale, trage obengenannten Schieberabstand ξ^0_1 darauf ab und ziehe senkrecht, so erhält man im Schnittpunkt dieser Senkrechten mit dem Expansionsschieberkreis die entsprechenden Expansionsexcenterstellungen bezw. die relativen Excentricitäten.

Construirt man die Abschlussstellungen im Rücklaufdiagramm vermittelst der dem Hinlaufdiagramm entnommenen relativen Excentricitäten, so ergeben sich hier Schieberabstände, welche sowohl unter sich, als auch gegenüber denen des Hinlaufdiagramms verschieden sind. Infolgedessen werden auch die Füllungen der Rücklaufseite von den gleichzeitigen der Hinlaufseite verschieden ausfallen.

In Fig. 85 und 86 sind die Schieber in ihrer grössten relativen Verschiebung bei Minimalfüllung gezeichnet und sind hierbei die der Stellung Fig. 85 entsprechenden Schieberwege (Abstand der Schiebermitten $=e_r$ dem Diagramm Fig. 81) die der Stellung Fig. 86 entsprechenden dem Diagramm Fig. 80 entnommen. Aus diesen beiden Stellungen bestimmt sich die Schieberlänge L, indem bei der Stellung Fig. 86 die Rücklaufabschlusskante des Expansionsschiebers den Hinlaufkanal nicht von hinten öffnen darf, sondern noch eine

Ueberdeckung z haben muss. Die Stellung des Expansionsschiebers aus Fig. 85 ist in Fig. 86 punktirt eingezeichnet. Es ergibt sich hieraus

$$2\,L = 2\,e_r + z + k_1 - x.$$

Die Ueberdeckung x ergibt sich aus Obigem

$$x = e_r - \xi_1^0.$$

Dies oben eingesetzt gibt

$$2\,L = 2\,e_r + z + k_1 - e_r + \xi_1^0$$

und

$$L = \frac{e_r + z + k_1 + \xi_1^0}{2}. \qquad\qquad \ldots\ldots\ldots\ 55)$$

Da ξ^0_1 im Rücklaufdiagramm grösser ausfällt als im Hinlaufdiagramm,. so ist es dem ersteren zu entnehmen.

Die Expansionsschieberlängen l_h und l_r ergeben sich aus den Abschlussstellungen (Hinlauf und Rücklauf) für diejenige Füllung, für welche die Dampfvertheilung beiderseits gleich sein soll. Oben erwähnte Differenzen in den beiderseitigen Füllungen werden am kleinsten, wenn die Expansionsschieberlängen aus der Maximalfüllung bestimmt werden. Es ist.

$$l = L \pm \xi_1^m.$$

Hierin gilt das negative Vorzeichen, wenn bei der betreffenden Abschlussstellung die Expansionsschiebermitte zwischen der Grundschiebermitte und der Spiegelmitte steht, andernfalls gilt das positive Vorzeichen.

Rider-Steuerung. Taf. XIII.

Bei dieser Steuerung wird ebenso, wie bei der gewöhnlichen Meyer'schen die Aenderung der Füllung durch Verändern der wirksamen Expansionsschieberlänge l^m bezw. l^0 bewerkstelligt und zwar geschieht dies hier durch Verstellen bezw. Verdrehen des trapezförmigen Expansionsschiebers, wodurch — wenn man einen Schnitt durch die Mitte der Steuerung betrachtet — ein längerer oder kürzerer Expansionsschieber zur Wirkung kommt und die Schlitze früher oder später abgeschlossen werden. Der Expansionsschieber kann eine ebene oder eine cylindrische oder halbcylindrische Lauffläche haben. Im ersten Falle sitzt auf der Expansionsschieberstange ein Zahnsegment, das in eine mit dem Expansionsschieber fest verbundene Zahnstange eingreift. Im zweiten und dritten Falle hat die Expansionsschieberstange ebene Flächen, vermittelst welcher der Schieber verdreht wird. Diese Verdrehung geschieht gewöhnlich durch den Regulator.

Die kleinste Länge L des Grundschiebers ergibt sich ähnlich wie bei der zuletzt besprochenen Meyer-Steuerung aus den beiden grössten relativen Verschiebungen bei Maximalfüllung, indem hierbei der Expansionsschieber den Kanal nicht von hinten öffnen darf. Es ist (Fig. 93 und 94)

$$2\,L = 2\,e_r + z + k_1 - x,$$

die Ueberdeckung ist hier $x = e_r - \xi_1^m$, also

$$2\,L = 2\,e_r + z + k_1 - (\cdot e_r - \xi_1^m)$$

$$L = \frac{e_r + z + k_1 + \xi_1^m}{2}. \quad \ldots \ldots \ldots \quad 56)$$

Wie aus den Stellungen Fig. 91 und 92 sich ergibt, sind die Expansionsschieberlängen genau ebenso zu bestimmen wie bei der Meyer-Steuerung. Die Differenz zwischen der für Maximalfüllung erforderlichen Länge und derjenigen für Minimalfüllung ist wie dort $= y^0$, also

$$l^m = L - \xi_1^m$$

$$l^0 = L + \xi_1^0 = l^m + y^0.$$

Der Expansionsschieber muss behufs Einstellung von Maximalfüllung auf Minimalfüllung um einen Winkel α bezw. Hub h verstellt werden. Aus diesem Hub und der Differenz y^0 bestimmt sich nun die Schräge der Kanäle, indem diese parallel mit der betreffenden Expansionsschieberkante gehen müssen. Man trage also (Fig. 89a) in der Verlängerung von L die Dimension y^0 ab; ziehe Senkrechte, trage auf diesen den Regulirhub h ab und verbinde F mit G. Da y für Hin- und Rücklaufseite verschieden ist, so werden auch die Schrägen der beiderseitigen Kanäle verschieden. Trägt man noch in der Schieberbewegungsrichtung von F aus die ideelle Kanalweite k_1 ab und zieht parallel G F, so ergibt sich die wirkliche Kanalweite k_1', aus welcher man die Breite b' dem erforderlichen Kanalquerschnitt f entsprechend berechnet. Aus b' ergibt sich dann b durch die Zeichnung. Nun trage man, wie in der Figur angegeben, von der Kanalkante aus einerseits den Regulirhub h sowie eine Ueberdeckung d, anderseits eine ebensolche Ueberdeckung ab und es ergibt sich die totale abgewickelte Expansionsschieberbreite

$$B = 2\,d + h + b. \quad \ldots \ldots \ldots \ldots \quad 57)$$

Guhrauer-Steuerung. Taf. XIV.

Auch diese Steuerung beruht auf demselben Princip wie die Meyer'sche. An Stelle der Schraubenspindel mit Gängen von kleiner Steigung ist hier ein um die Schieberstange gewundener Keil von starker Steigung und gewöhnlich blos einem halben Gang angewendet. Die Expansionsplatten sind nicht fest mit ihrer Stange verbunden, sondern werden in gewissen Stellungen von der Schnecke S bezw. dem Bunde B geschleppt, und zwar geschieht die Eröffnung der Schlitze durch den Bund, der Abschluss derselben durch die Schnecke. Sind die Schlitze auf einer Schieberseite eröffnet, so bleibt die betreffende Expansionsplatte durch den Dampfdruck festgehalten stehen, bis die Schnecke an die Schieberknagge stösst und den Abschluss bewirkt. Werden die Schlitze auf einer Schieberseite geöffnet, so werden gleichzeitig diejenigen der andern Schieberseite abgeschlossen. Die eine Expansionsplatte wird also vom Bunde, die andere von der Schnecke geschleppt. Beim Excenterhubwechsel bleiben die beiden Platten stehen und der Regulator kann dann leicht durch Verstellen der Schnecke die Füllung ändern, indem derselbe nur die Stopfbüchsenreibung der Schieberstange zu überwinden hat.

Da die Steuerung verschiedene Füllungen ermöglichen soll, so muss wie bei der Rider-Steuerung die totale Expansionsschieberlänge, d. h. die Länge von Schiebermitte bis an die Abschlusskante bezw. die Länge λ der Schnecke veränderlich sein. Die Eröffnung erfolgt für alle Füllungen bei ein und derselben Schieberstellung (grösste relative Verschiebung), die Länge L' ist deshalb für alle Füllungen gleich.

Die Bestimmung der Schieberlängen ist wieder genau wie bei der Meyer- und Rider-Steuerung auszuführen, also

$$L = e_r + s_h + y_h^0 + z + k_1$$

oder

$$s_h = L - (e_r + y_h^0 + z + k_1)$$
$$s_r = L - (\xi_1^m + 1)$$
$$1 = \xi_1^0 + L - \left(s_h + y_h^0\right)$$
$$1^m = L - \xi_1^m$$
$$1^0 = L + \xi_1^0 = 1^m + y^0.$$

Ferner ist

$$\lambda^m = 1^m - f \quad \text{bezw.} \quad \lambda^0 = 1^0 - f.$$

Da, wie oben bemerkt, die Schlitze bei grösster relativer Verschiebung vollständig geöffnet sein müssen, so ergibt sich (Fig. 102 und 103)

$$L' = e_r + L + (k_1 + g). \quad \ldots \ldots \ldots \ldots \quad 58)$$

Aus dem Durchmesser und Drehwinkel der Schnecke bestimme man nun wie bei der Rider-Steuerung den Regulirhub h, trage auf den Hubbegrenzungslinien die Schneckenlängen $\lambda_h^m \; \lambda_r^m \; \lambda_h^0 \; \lambda_r^0$ ab, so ergeben sich die Steigungen der Schnecke für Hinlauf- und Rücklaufseite.

Die zusammenarbeitenden Kanten an Schieberknagge und Schnecke bezw. Bund laufen parallel, also die Abschlusskante schräg, die Eröffnungskante senkrecht zur Schiebermittellinie.

Geschwindigkeits-Diagramm.

Um ein Bild von der Geschwindigkeit des Kanalabschlusses zu erhalten, verzeichne man die Kolbenstellungen mit den zugehörigen Kanaleröffnungen. Zu diesem Zwecke trage man auf einer Horizontalen, Fig. 7 Taf. I, den Kolbenhub $H = 100$ mm, sowie die den Hubtheilen 10%, 20% etc. entsprechenden Stellungen ab, errichte Senkrechte, trage auf diesen die den Schieberdiagrammen entnommenen Kanaleröffnungen ab und verbinde die Punkte durch eine Kurve. Solche Kurven construire man für verschiedene Füllungen für Hinlauf und Rücklauf, sowie für Eintritt und Austritt. Je steiler die Kurve gegen die Horizontale abfällt, desto präciser ist der Kanalabschluss und desto besser natürlich die Steuerung.

In Fig. 7 Taf. I sind auf diese Weise die Kanaleröffnungskurven der Meyer-Steuerung Taf. XI dargestellt und zwar für 60% Füllung. Die punktirte Kurve gilt für die Guhrauer-Steuerung Taf. XIV und zwar für 20% Füllung.

Nachdem das Geschwindigkeitsdiagramm verzeichnet ist, untersuche man, ob die Steuerung bei den in Aussicht stehenden Füllungsgraden und sämmtlichen Kolbenstellungen genügende Kanalquerschnitte bietet, d. h. ob die Eintrittsgeschwindigkeit des Dampfes nicht zu gross wird, indem durch eine zu grosse Eintrittsgeschwindigkeit starker Spannungsabfall entsteht. Man berechne die bei bestimmten Hubtheilen (z. B. 10%, 20% etc.) stattfindenden Kolbengeschwindigkeiten c_ω mit Hülfe der Tabelle S. 4.

Bezeichnet dann noch wie oben

$\quad$ F $\quad$ den Cylinderquerschnitt in qcm,

$\quad$ f_ω $\quad$ den augenblicklichen Kanaleröffnungsquerschnitt in qcm,

$\quad$ V_ω die entsprechende Dampfgeschwindigkeit in den Kanälen in m pro Secunde,

so ist

$$V_\omega = \frac{F \cdot c_\omega}{f_\omega}.$$

Der durch die Dampfgeschwindigkeit verursachte Spannungsabfall in Atmosphären ist nach Prof. Gutermuth

$$z = \frac{15}{1\,000\,000} \cdot \gamma \cdot \frac{L}{d} \cdot V^2. \quad \ldots \ldots \ldots \ldots \quad 59)$$

Hierin bezeichnet

$\quad$ γ das Gewicht eines cbm Dampf von der absoluten Spannung p (siehe Hütte S. 248 und 249),

$\quad$ L die Länge der Rohrleitung vom Kessel bis zum Cylinder in m,

$\quad$ d den Durchmesser (in m) eines Rohres, dessen Querschnitt dem augenblicklichen Kanaleröffnungsquerschnitt entspricht,

$\quad$ V die entsprechende Dampfgeschwindigkeit in den Kanälen.

Einstellen der Steuerung.

Man lege die Kurbelwelle mit aufgekeilter Kurbel auf der Richtplatte genau horizontal und reisse die Verbindungslinie C K des Wellenmittels mit dem Kurbelzapfenmittel an. Trage den Voreilwinkel δ (gegeben durch den Schieberhub und die äussere Deckung bezw. die Projection C f, Fig. 3) eventuell in vergrössertem Maassstabe auf der Stirnseite der Kurbelwelle auf und ziehe diesem Voreilwinkel entsprechend einen Längsriss g auf der Welle. Ferner mache man mit Hülfe der Strecke e_r den dem Voreilwinkel δ_0 entsprechenden Längsriss. An den Excentern reisse man die Verbindungslinien E C des Excentermittels mit dem Mittelpunkt der Bohrung an und befestige die Excenter so auf der Kurbelwelle, dass sich die zusammengehörigen Risse decken. Nachdem man die Welle in ihre Lager eingelegt und die Pleuelstange, sowie die Excenter- und die Schieberstangen eingehängt hat, sind die den Kolben-Endstellungen entsprechenden Kurbel- bezw. Kreuzkopf-Stellungen zu bestimmen. Zu diesem Zwecke lege man zuerst vermittelst der Wasserwaage die Kreuzkopf-Führung horizontal und bringe sodann die Kurbel in die eine Todtpunktlage, indem man an den Riss C K ein Lineal hält und darauf eine Wasserwaage legt. Die entsprechende Stellung irgend einer Kante des Kreuzkopf-Gleitbackens ist an dessen Führung anzureissen; zugleich mache man an der Kurbelwelle oder an der Kurbelnabe, sowie am Lager einen Riss. Ebenso verfahre man bei der anderen Todtpunktlage. Auf dem so erhaltenen Kolbenhub trage man die den Dampfperioden, Füllung, Compression etc. entsprechenden Kolben- bezw. Kreuzkopf-Stellungen ab. Nach diesen Vorbereitungen bringe man die Kurbel mit Hülfe des Lagerrisses in die Todtpunktlage des Hinlaufes, den Schieber — je nachdem derselbe mit oder ohne Voröffnung arbeiten soll — mit der Expansionskante entweder genau über die Füllungskante des Spiegels oder um die Voröffnung davon abstehend und befestige ihn in dieser Stellung auf seiner Stange. Hierauf bringe man den Kreuzkopf durch Drehen der Kurbelwelle in die dem Expansionsanfang entsprechende Stellung und controllire, ob der Schieber bei dieser Kurbelstellung auch wirklich abschliesst. Sollte dies nicht der Fall sein, so ist, je nachdem der Abschluss zu früh oder zu spät erfolgt, der Schieber der Kurbelwelle zu nähern oder von derselben zu entfernen. Sollte der Schieber auch dann noch nicht beiderseits die verlangte Füllung geben, so ist der Voreilwinkel zu ändern.

Bei Maschinen mit Doppelschiebern wird erst der Grundschieber auf gleiche Compression für Hin- und Rücklaufseite eingestellt. Um diese zu controliren, reisse man am Schieber an einer geeigneten, von aussen sichtbaren Stelle die Compressionskante an, ebenso den Schieberspiegel auf der Schieberkastenwand. Controlle und Correction sind, wie oben für das Einstellen der Füllung gezeigt ist, vorzunehmen.

Der Expansionsschieber wird auf die normale oder auf die kleinste oder grösste Füllung eingestellt und hierauf die übrigen Füllungen controllirt. Da die Stellung des Grundschiebers durch die Compression bereits festgelegt ist, so hat man nur durch Drehen der Kurbelwelle den Kreuzkopf- bezw. den Grundschieber in die der verlangten Füllung entsprechende Stellung zu bringen, die Abschlusskante des Expansionsschiebers genau über die Füllungskante im Rücken des Grundschiebers zu stellen und den Expansionsschieber auf seiner Stange zu befestigen. Hierauf bringe man die Kurbel in die entsprechende Lage des Rücklaufs und controllire, ob der Schieber auch in dieser Stellung abschliesst, andernfalls ändere man wie oben.

Mit der Steuerung ist zugleich der Regulator einzustellen. Man lasse zu diesem Behufe die Maschine mit der normalen Tourenzahl umlaufen und belaste hierbei das Muffengewicht derart, dass der an demselben angreifende Hebel sich horizontal stellt. Hierauf unterstütze man den Hebel in dieser Lage, stelle den an der Expansions-Schieberstange angreifenden Hebel vermittelst der Verbindungsstange ebenfalls horizontal, drehe die Schieberstange so, dass der Schieber bei genannter Hebelstellung die normale Füllung gibt und befestige den Hebel auf der Schieberstange.

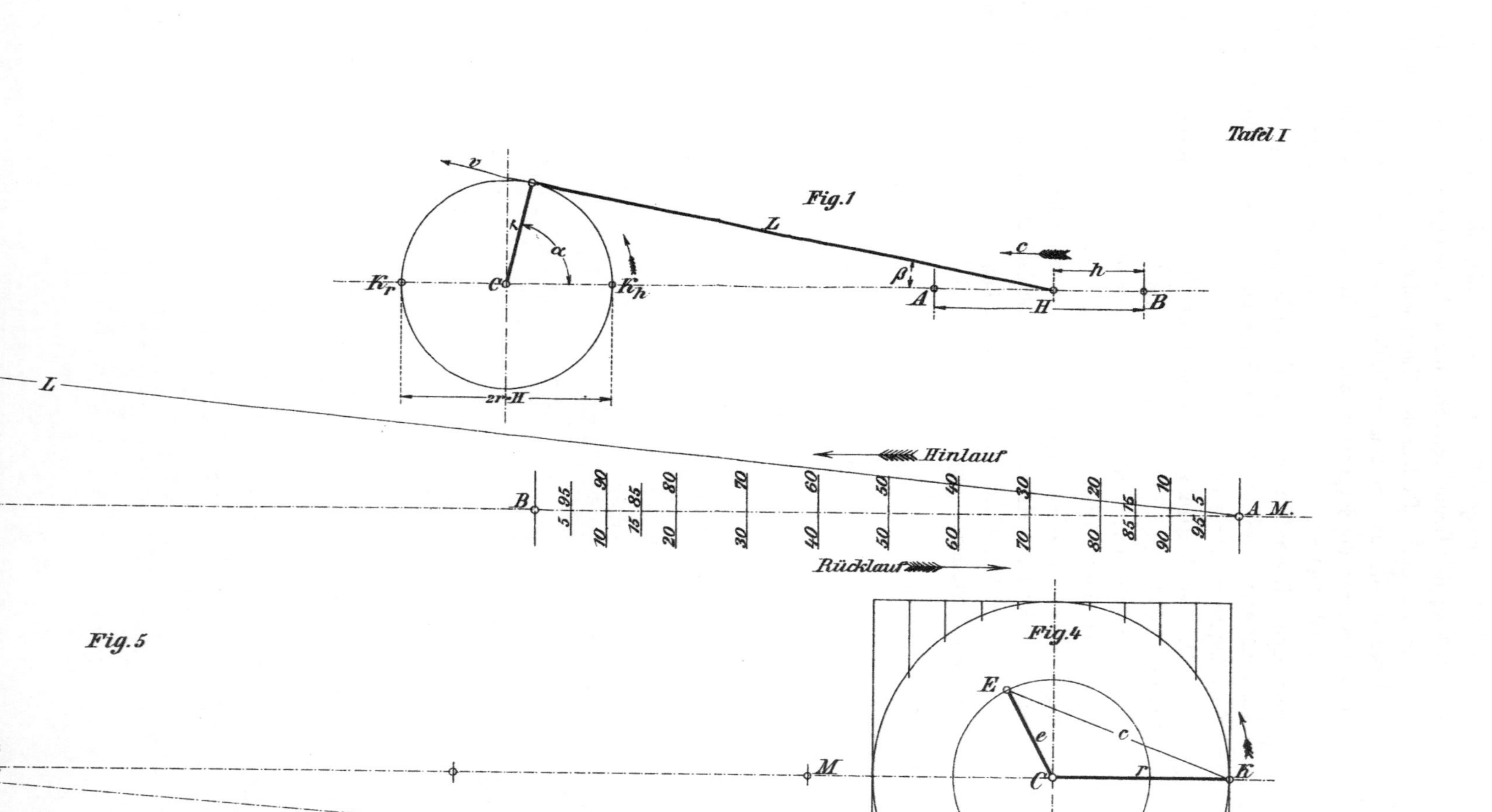

Tafel I
Fig.1
v
α
r
L
c
β
h
Kr
C
Kh
A
H
B
2r=H
L
Hinlauf
Rücklauf
B
5 95
90
10
75 85
20
80
30
70
40
60
50
50
60
40
70
30
80
20
85 15
90
10
95 5
A M.
Fig.5
Kh
Fig.4
E
e
c
C
r
K
M

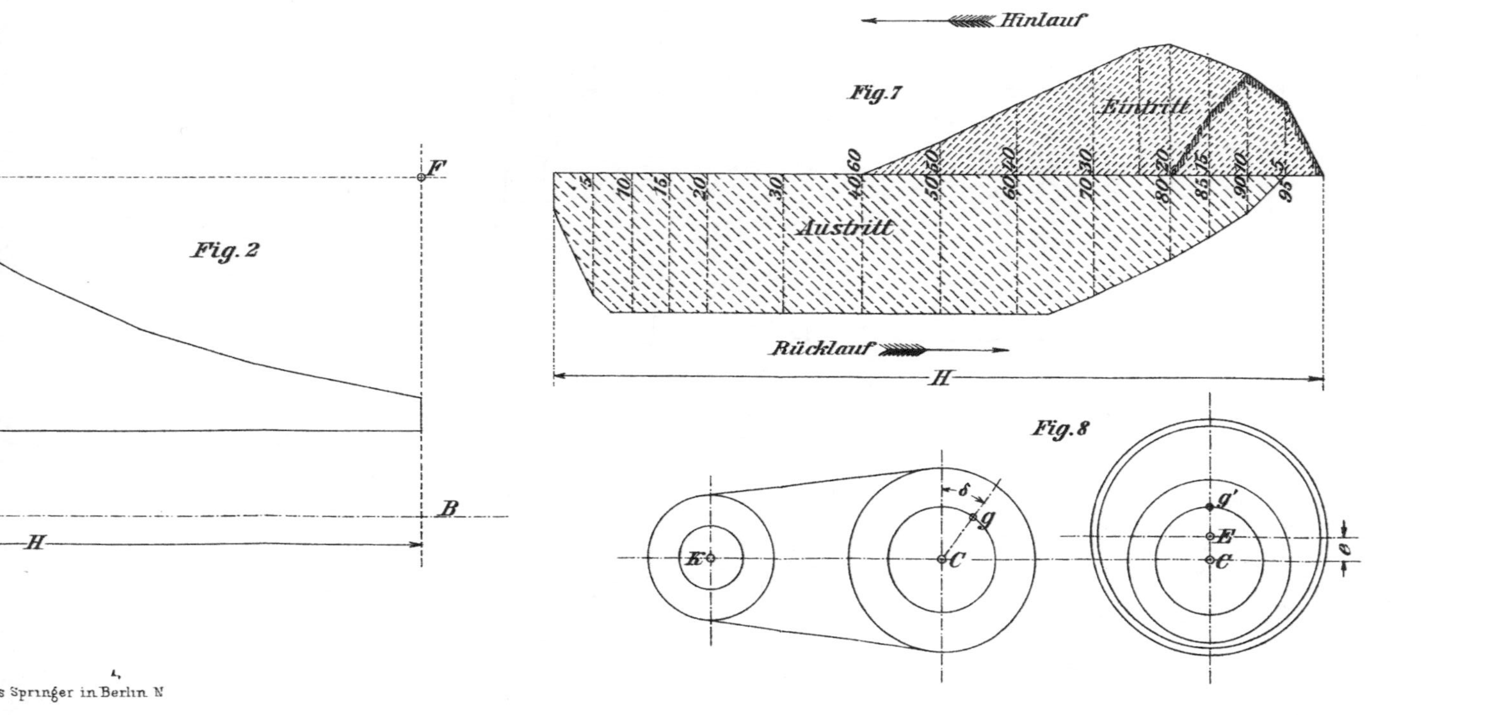

Fig. 2
F
B
H
Hinlauf
Fig.7
Eintritt
Austritt
Rücklauf
H
Fig.8
δ
g
C
E
g'
E
c

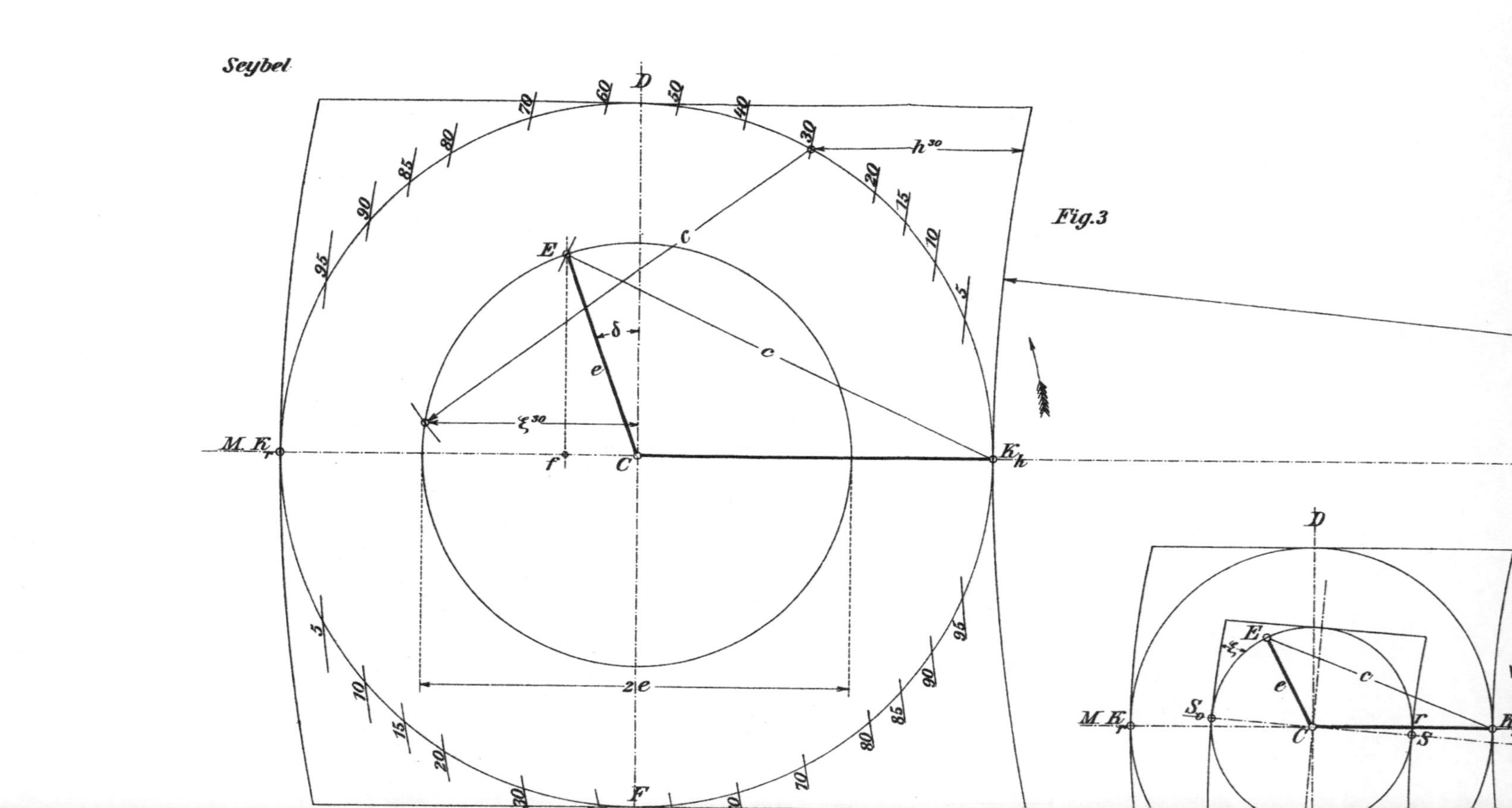

Seybel
Fig.3
D
E
c
δ
e
c
h³⁰
ξ³⁰
f
C
M.K_r
K_h
2e
F
S_o
S
r
M.K_r
K_h

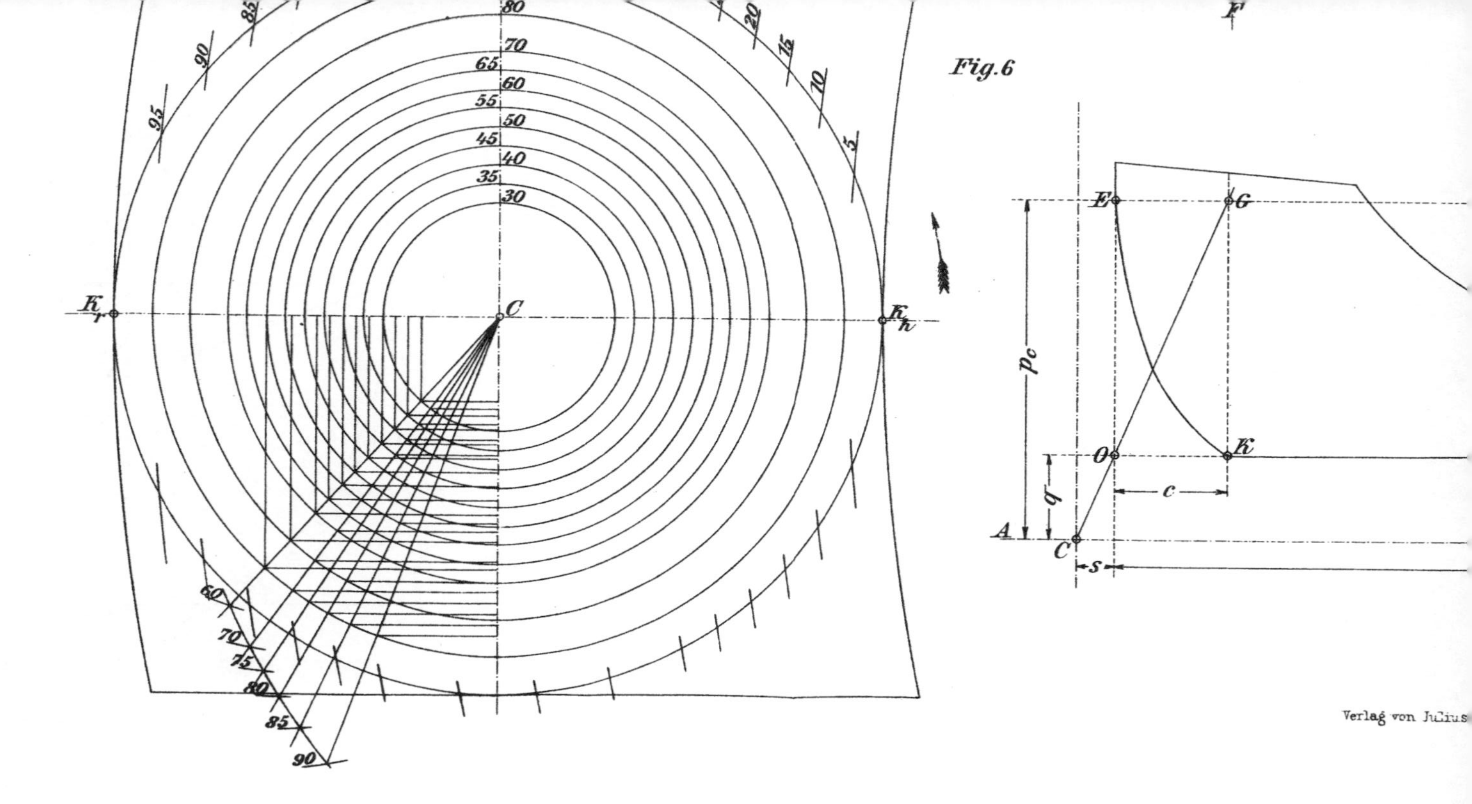

Fig.6
Verlag von Julius

Hinlaufseite
Gedross. Eintritt
Expansion
Fig.9
Voller Eintritt
Compression
Einlritt
Austritt
austr.
austr.
D
M
C
r
K_h
K_1
K_2
K_3
K_4
K_5
E_1
E_2
E_3
E_4
E_5
E_6
E_7
k
a_h
t_h
2e

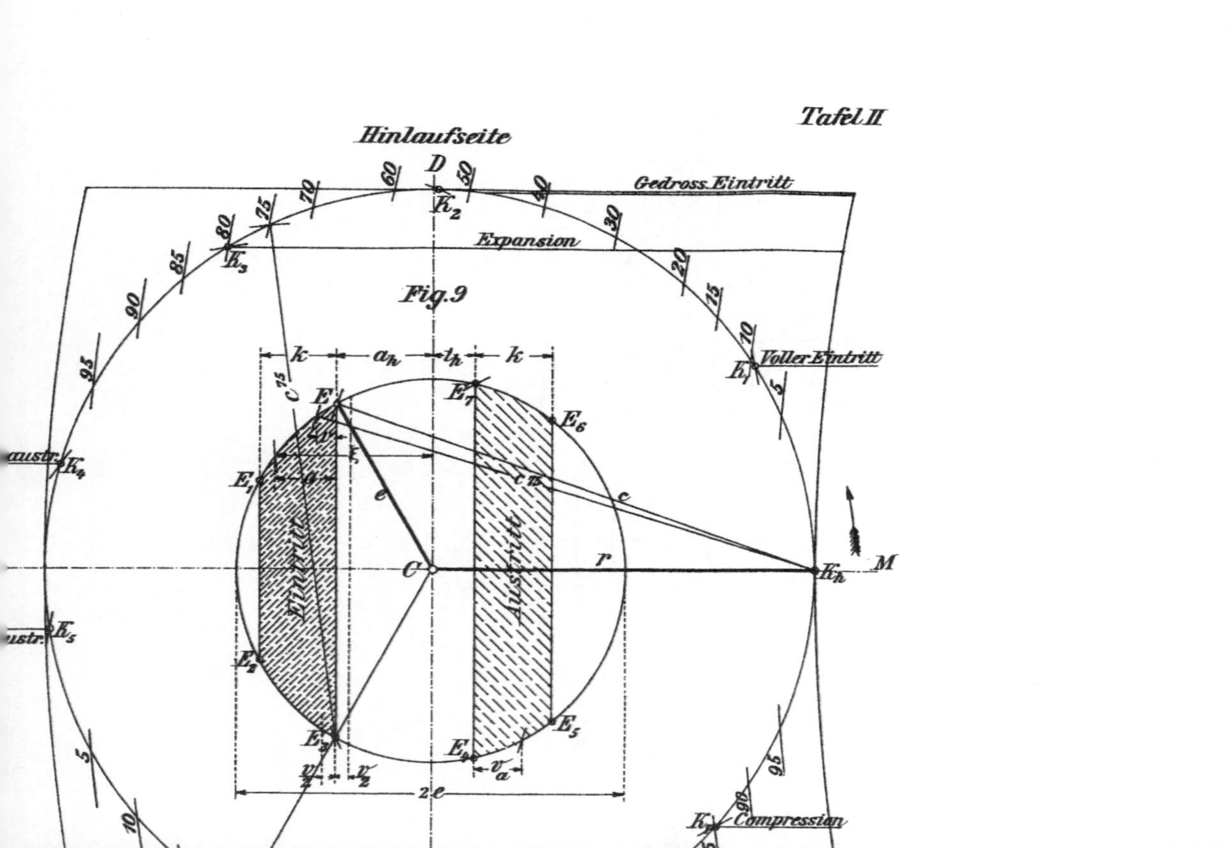

Fig. 9

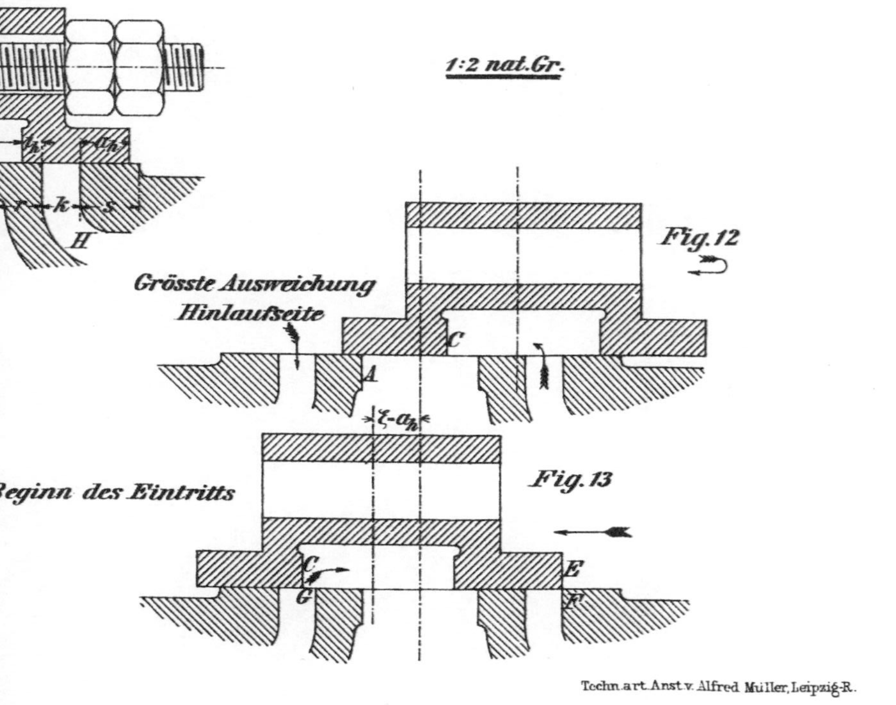

ung
1:2 nat.Gr.
Fig. 12
Grösste Ausweichung
Hinlaufseite
C
A
ξ-aₕ
Beginn des Eintritts
Fig. 13
G
E
F
Techn. art. Anst. v. Alfred Müller, Leipzig-R.

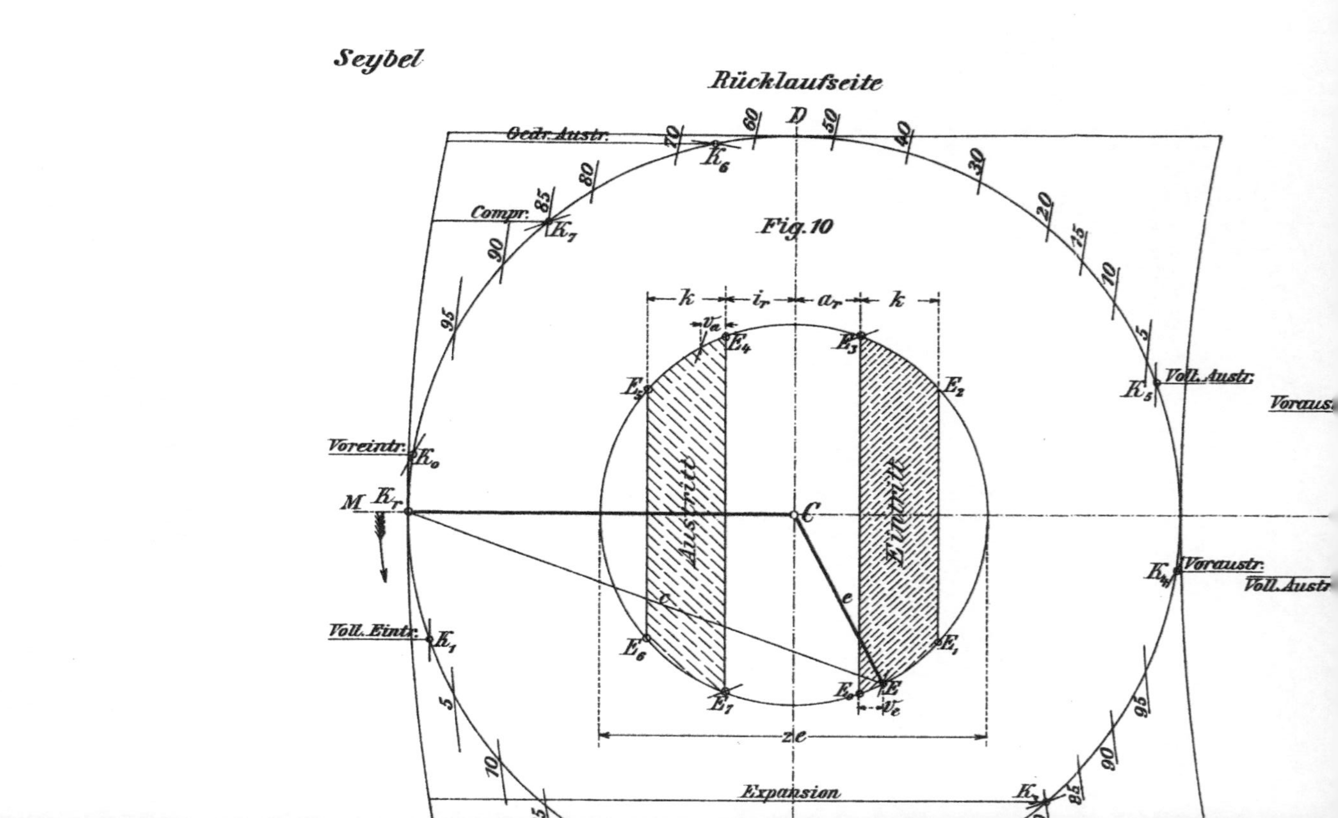

Seybel
Rücklaufseite
Gedr. Austr.
Compr.
Fig. 10
Voreintr.
Voll. Eintr.
Expansion
Voll. Austr.
Voraustr.
Voll. Austr.
Eintritt
Austritt

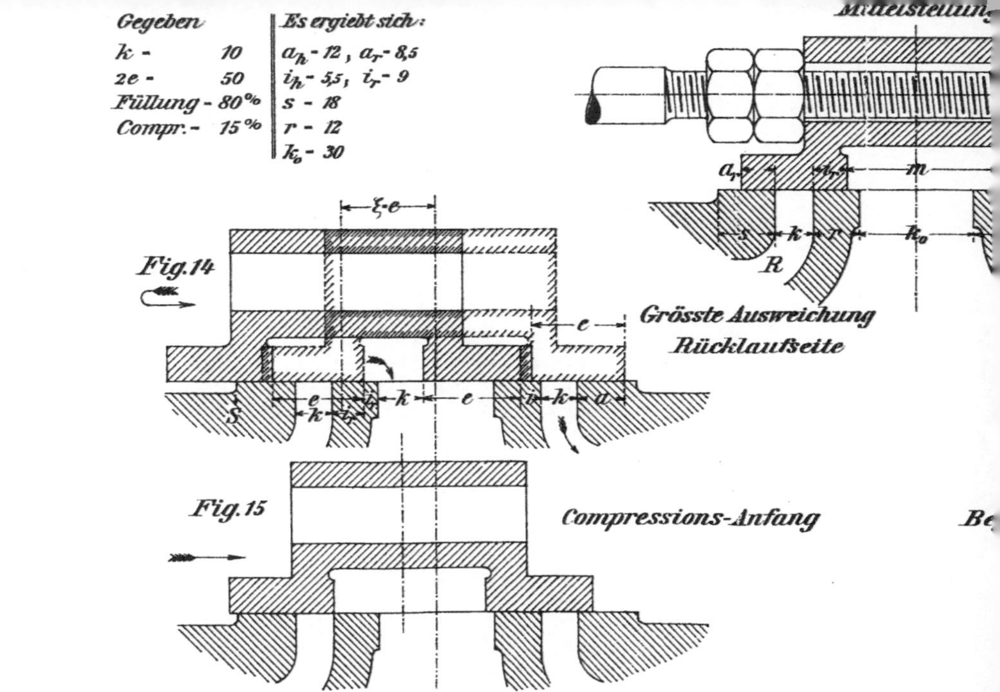

Verlag von Julius Springer in Berlin N.

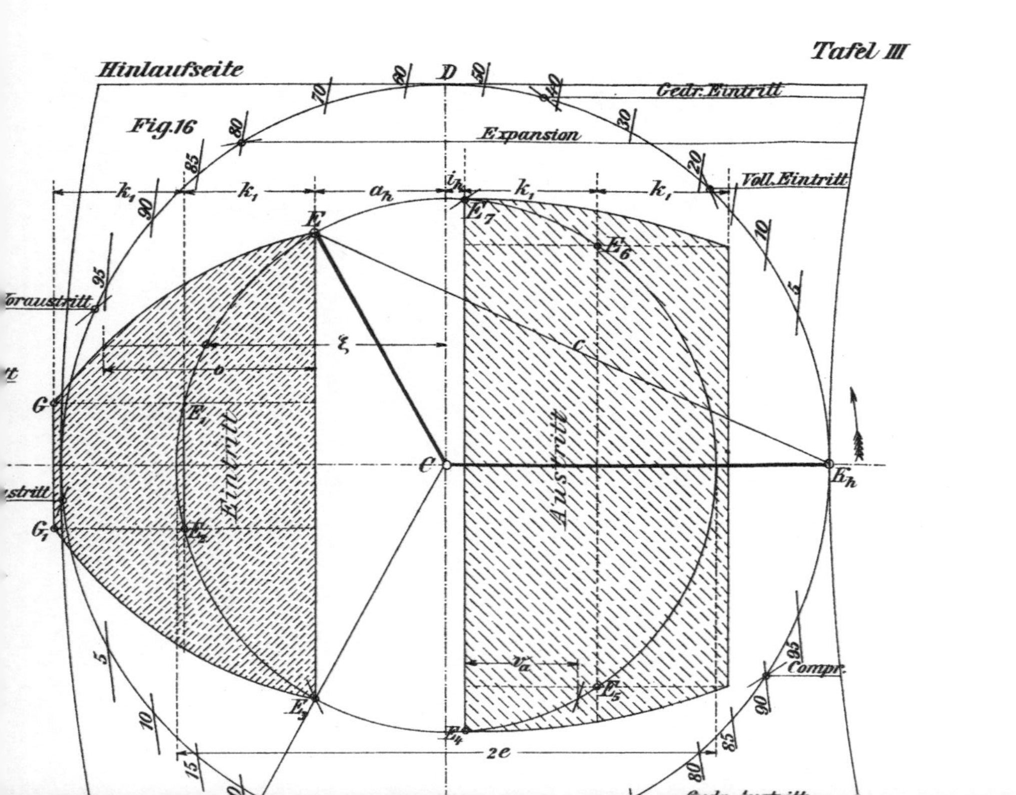

Tafel III
Hinlaufseite
Fig.16
Gedr. Eintritt
Expansion
Voll. Eintritt
Compr.
Voraustritt
Eintritt
Austritt
D
G
G_1
E
E_7
E_6
E_5
E_4
E_3
e
K_h
C
a_h
k_1
k_1
k_1
2e

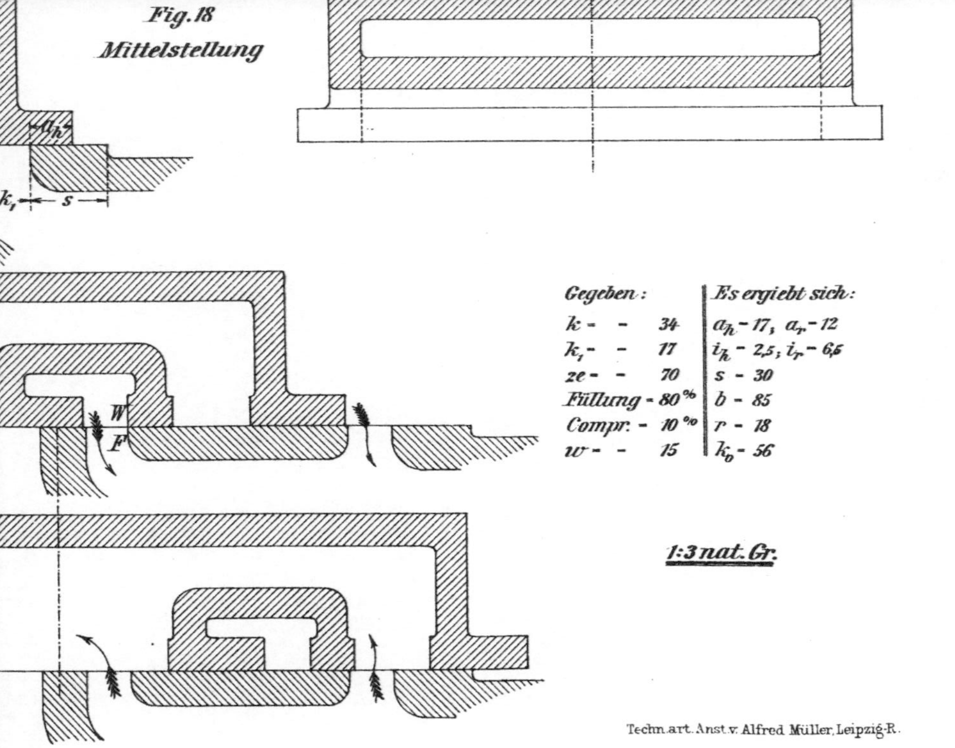

Fig. 18
Mittelstellung
k
s
W
F
Gegeben:
k - - 34
k₁ - - 17
ze - - 70
Füllung - 80 %
Compr. - 10 %
w - - 15
Es ergiebt sich:
aₕ - 17, aᵣ - 12
iₖ - 2,5; iᵣ - 6,5
s - 30
b - 85
r - 18
k₀ - 56
1:3 nat. Gr.
Techn. art. Anst. v. Alfred Müller, Leipzig-R.

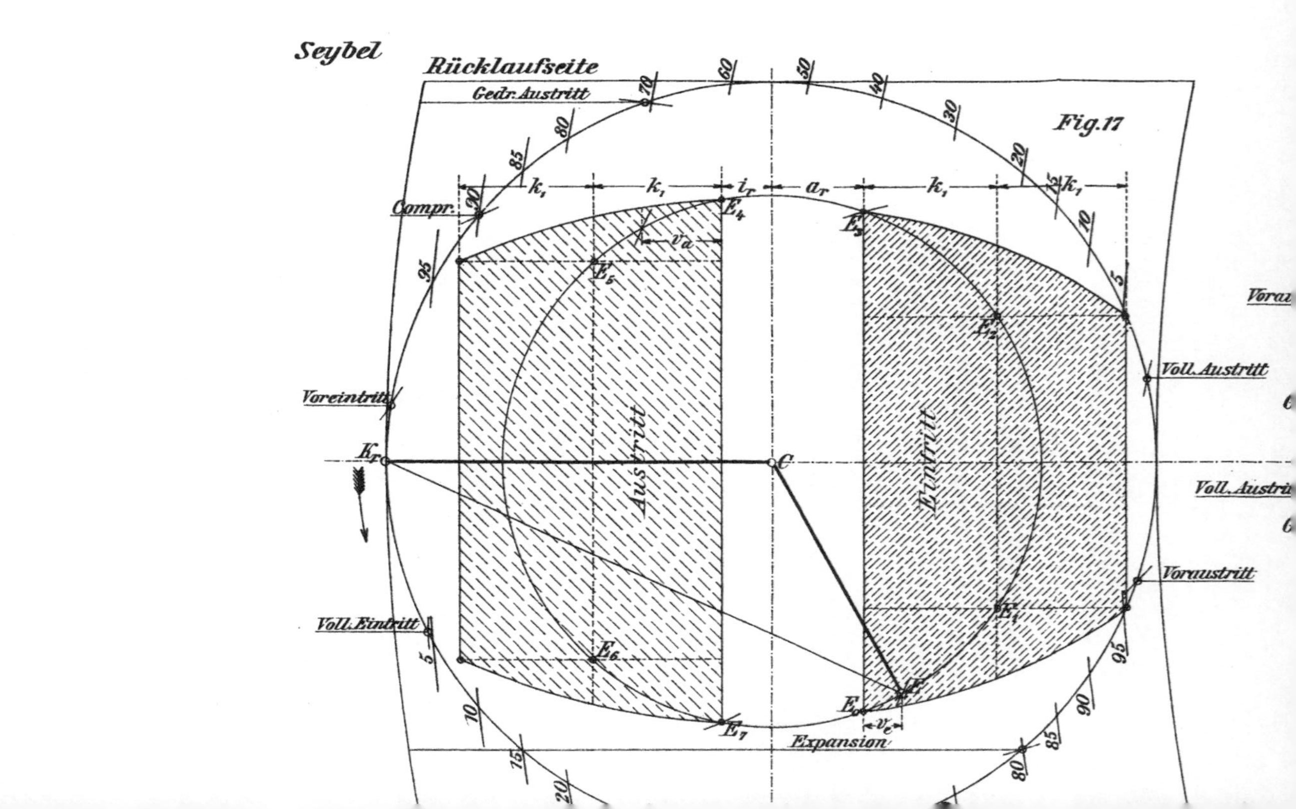

Seybel
Rücklaufseite
Fig.17
Gedr. Austritt
Compr.
Expansion
Eintritt
Austritt
Voreintritt
Voll. Eintritt
Voll. Austritt
Voll. Austritt
Vorausritt
Vorausritt
Voraustritt
k_i
k_i
i_r
a_r
k_i
k_i
k_i
v_a
v_e
C
K_r
E_1
E_2
E_3
E_4
E_5
E_6
E_7
E_8
5
10
15
20
30
40
50
60
70
80
85
90
95
5
95

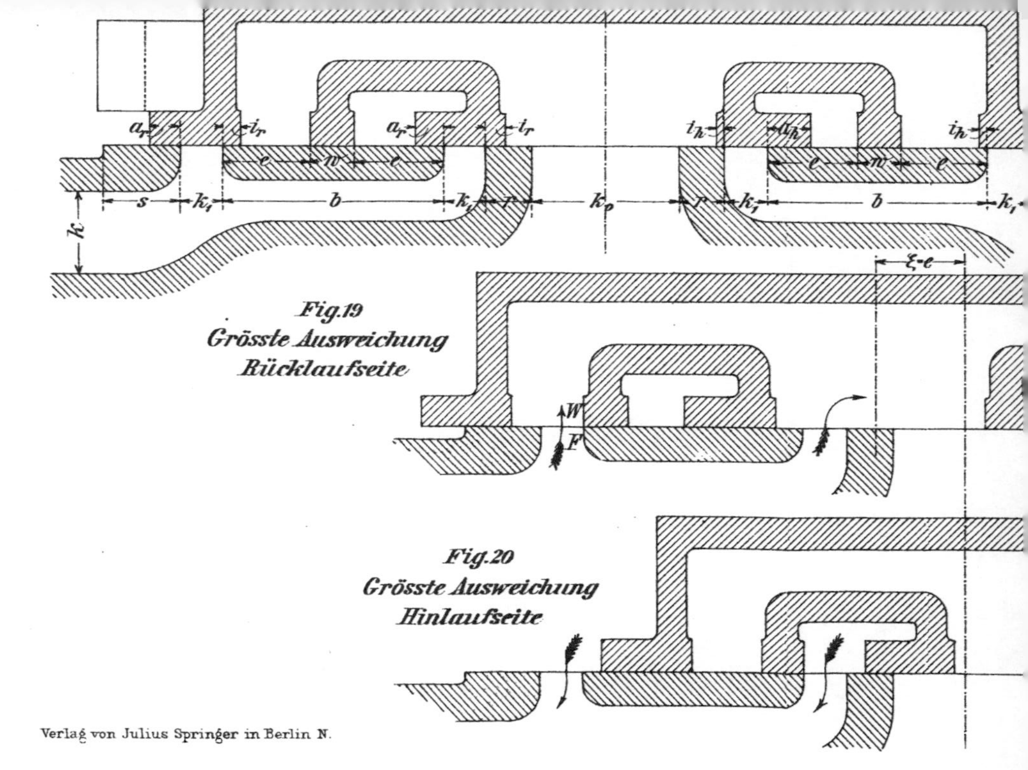

Verlag von Julius Springer in Berlin N.

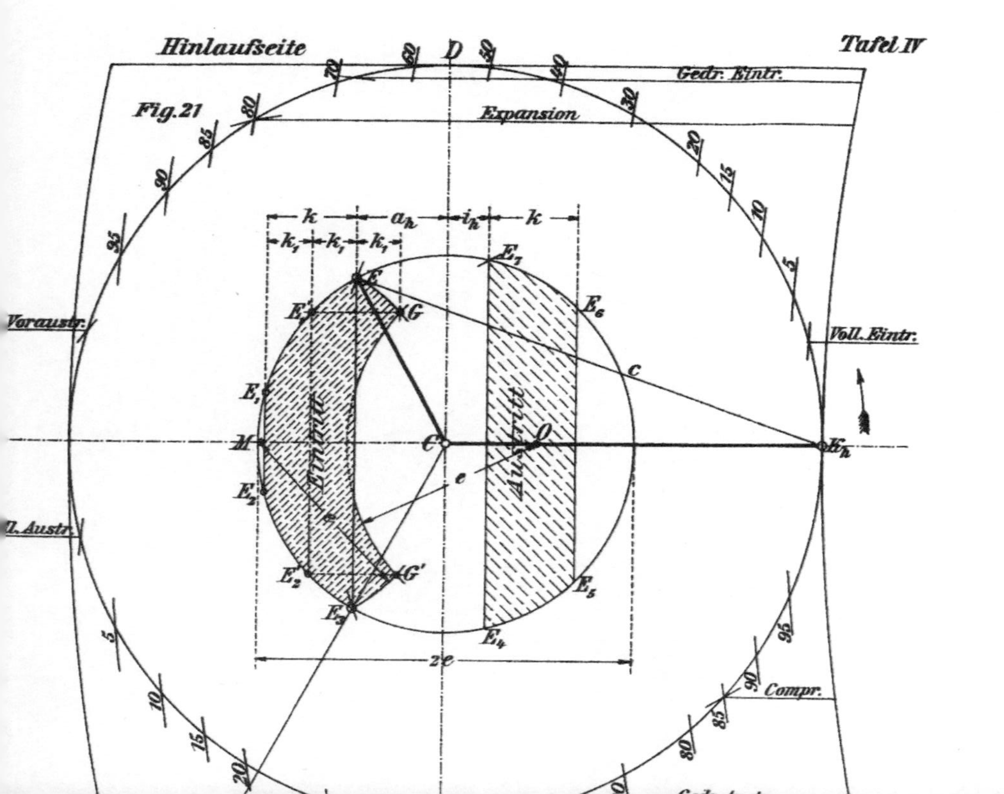

Hinlaufseite
Tafel IV
Fig.21
Gedr. Eintr.
Expansion
Voraustr.
Voll. Eintr.
U. Austr.
Compr.
D
Eintritt
Austritt
Vorausir.
M
C
O
c
e
G
G'
E
E_1
E_2
E_3
E_4
E_5
E_6
E_7
E_h
k
a_h
i_h
k
k_1
2e

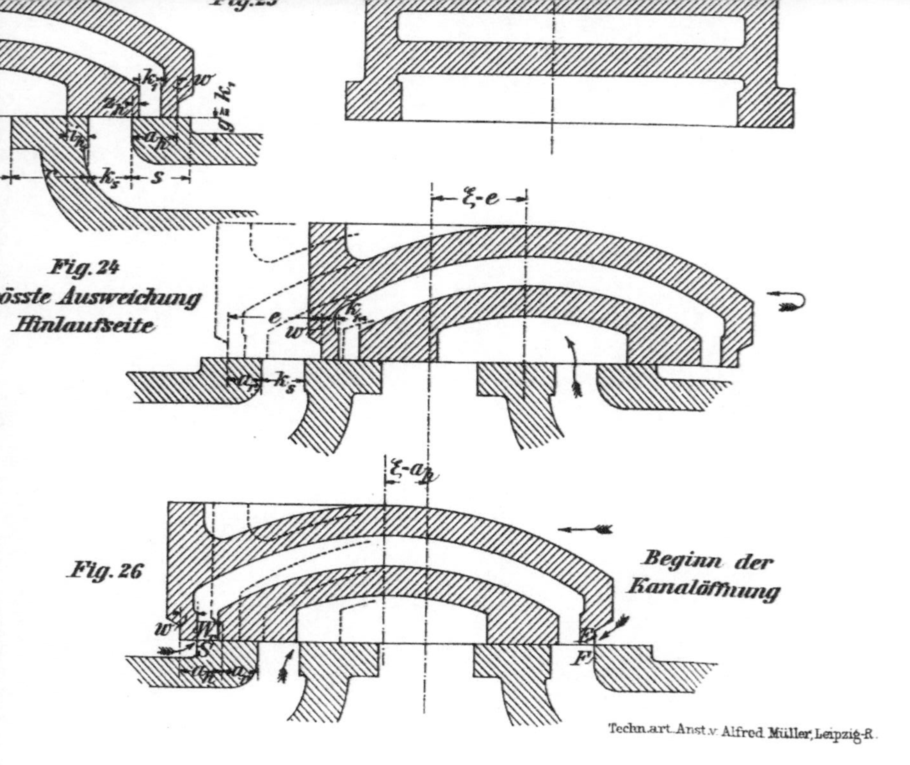

Fig. 23
Fig. 24
Grösste Ausweichung
Hinlaufseite
Fig. 26
Beginn der
Kanalöffnung
Techn. art. Anst. v. Alfred Müller, Leipzig-R.

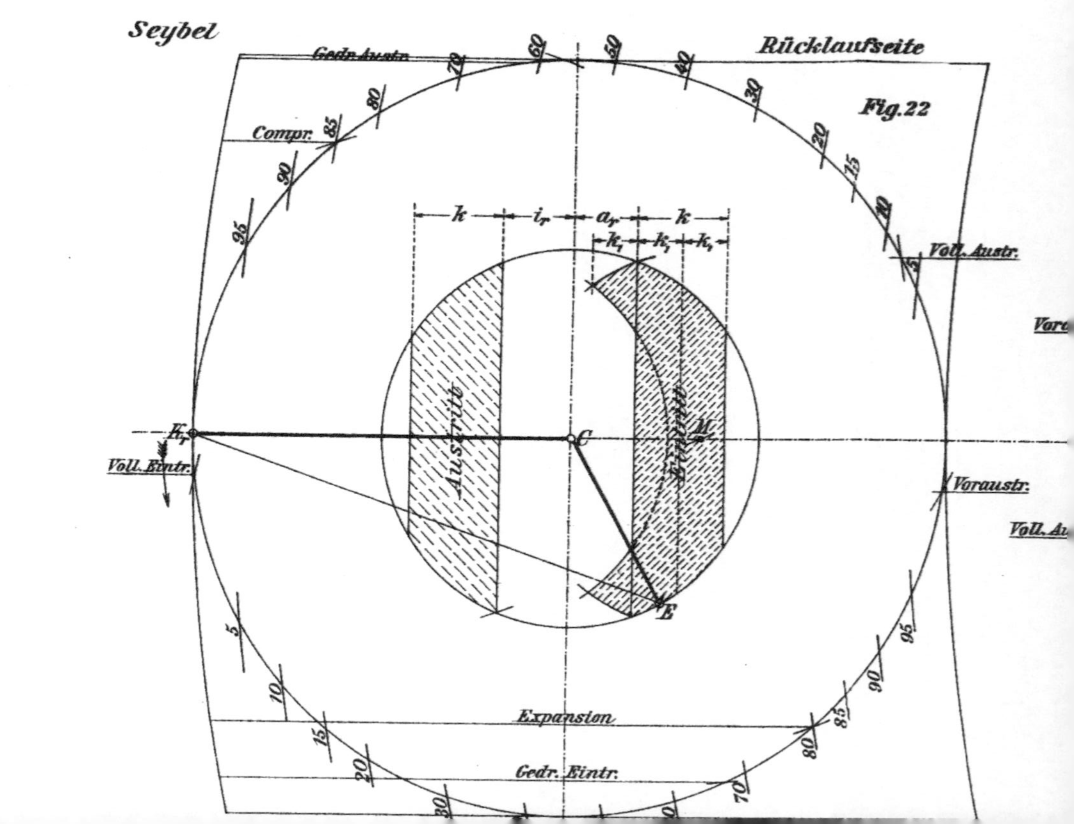

Seybel
Rücklaufseite
Fig. 22
Gedr. Austr.
Compr.
Voll. Austr.
Voraustr.
Voll. Au.
Voll. Eintr.
Expansion
Gedr. Eintr.
Austritt
Eintritt
k
i_r
a_r
k
k_1
k_1
k_1
K_r
C
M
E

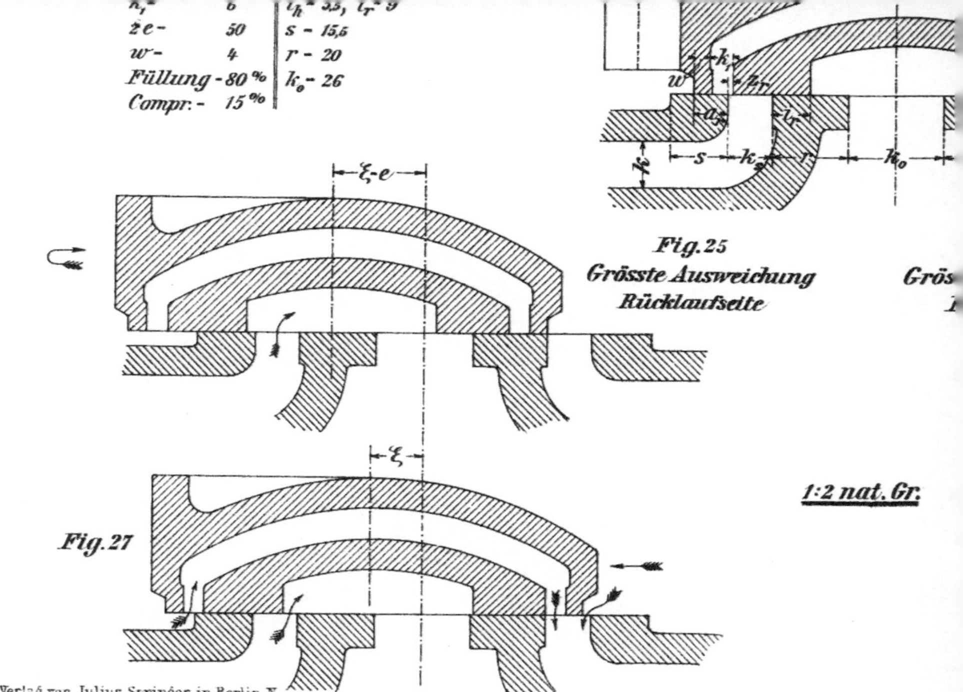

k_i — 6 | i_h = 3,3, i_r = 9
2 e — 50 | s — 15,5
w — 4 | r — 20
Füllung — 80 % | k_o — 26
Compr. — 15 %
$\xi \cdot e$
Fig.25
Grösste Ausweichung
Rücklaufseite
Grös
ξ
1:2 nat. Gr.
Fig.27
Verlag von Julius Springer in Berlin N

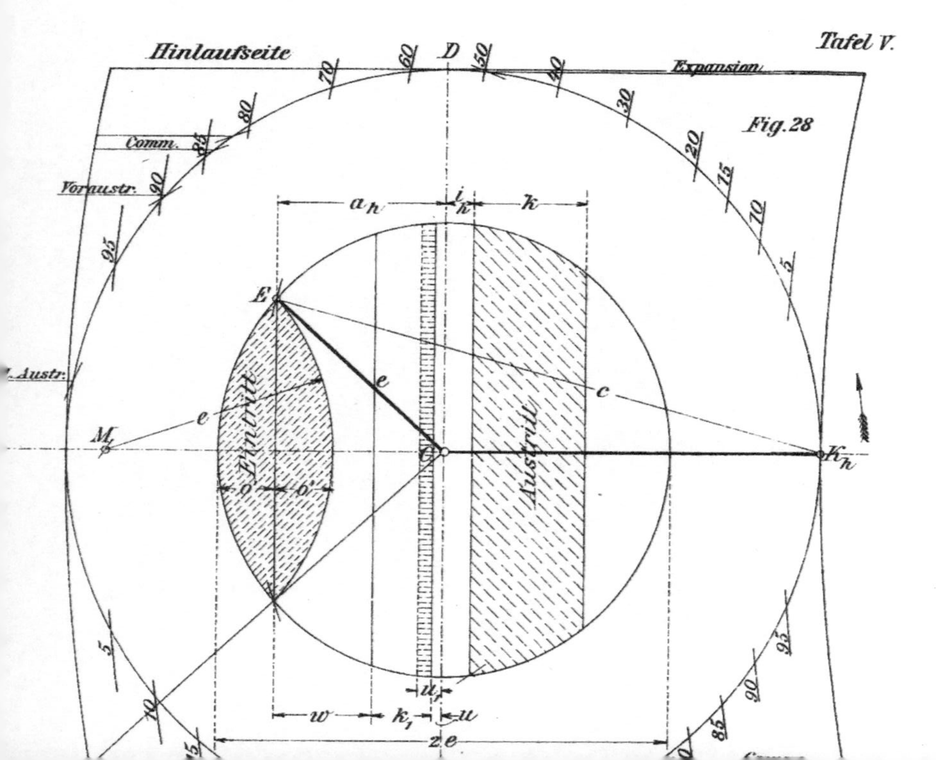

Tafel V.
Hinlaufseite
Expansion.
Fig. 28
Comm.
Voraustr.
Austr.
M_l
K_h
E
D
Eintritt
Austritt
a_h
k
k
e
c
e
c
w
k_l
u
u_l
z_e
60
70
80
85
90
95
5
10
15
20
30
40
50
60
5
10
70
85
90
95
5

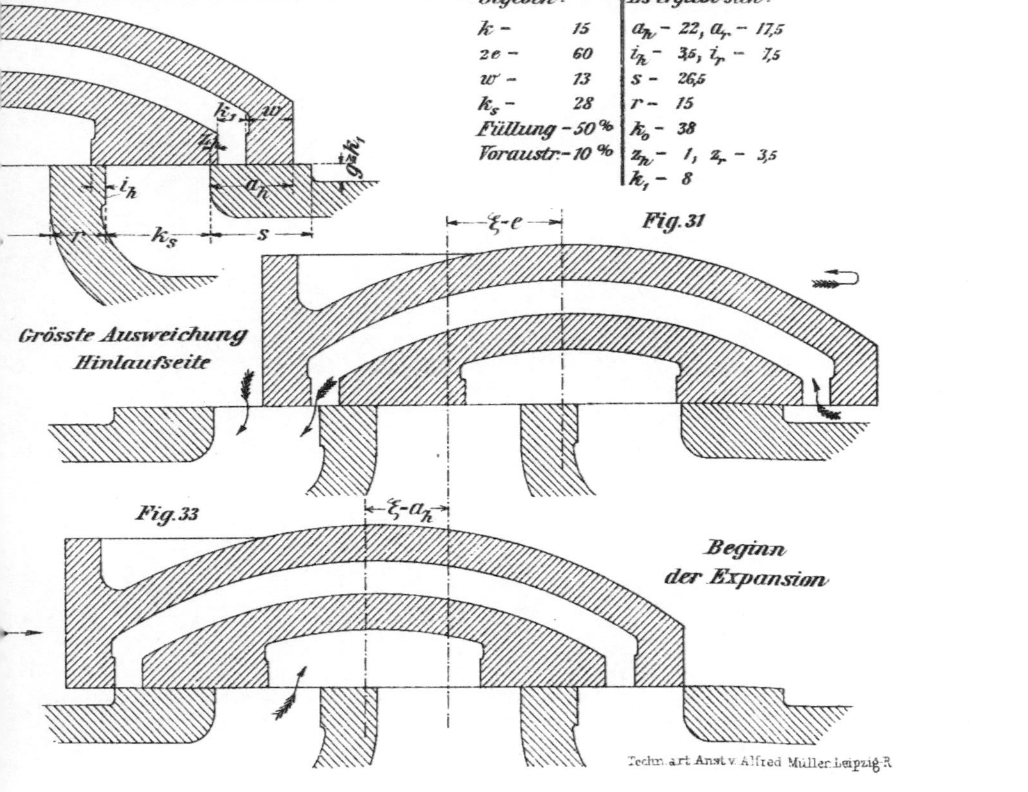

Gegeben:
k - 15
2e - 60
w - 13
k_s - 28
Füllung - 50 %
Voraustr. - 10 %
Es ergiebt sich:
a_h - 22, a_r - 17,5
i_h - 3,5, i_r - 7,5
s - 26,5
r - 15
k_o - 38
z_h - 1, z_r - 3,5
k_1 - 8
Grösste Ausweichung
Hinlaufseite
Fig. 31
Fig. 33
Beginn
der Expansion
Techn. art Anst. v. Alfred Müller. Leipzig-R.

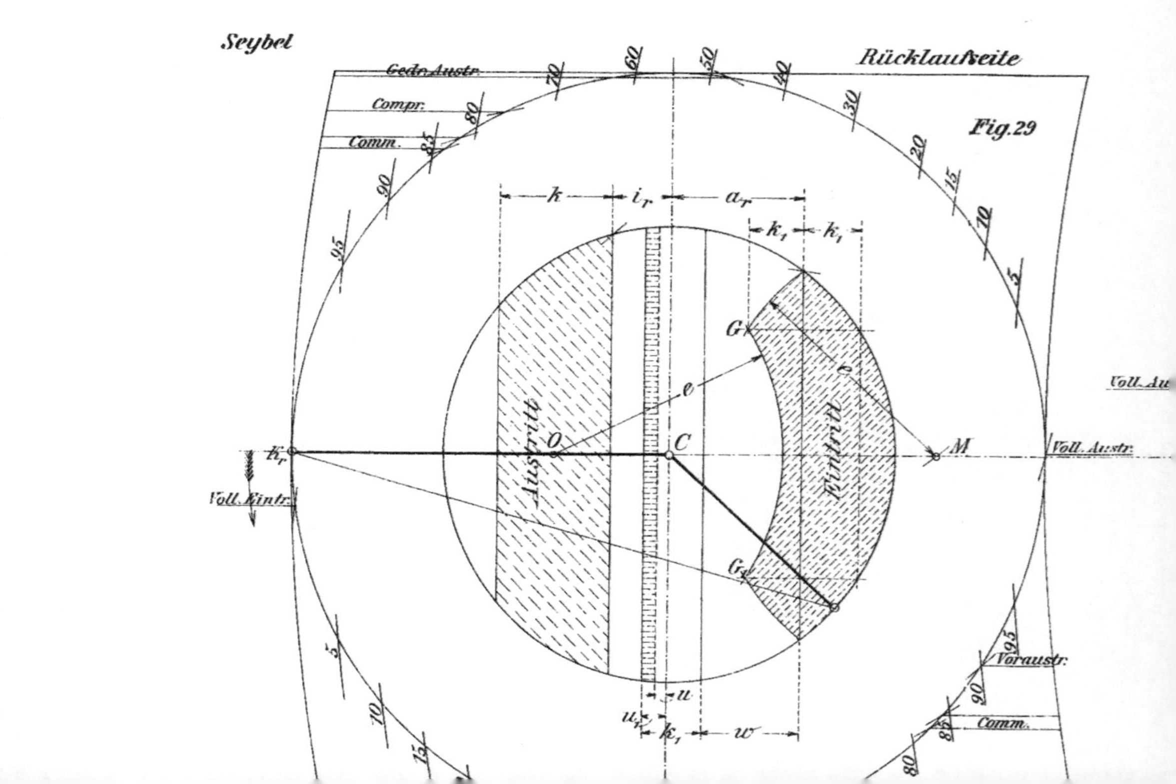
Seybel
Rücklaufseite
Fig. 29
Gedr.Austr.
Compr.
Comm.
Voll. Austr.
Voll. Au
Voll. Eintr.
Voll. Austr.
Vorausstr.
Comm.
Eintritt
Austritt
C
M
e
O
G
Gr
kr
k
ir
ar
k1
k1
u
ur
k1
w
5
10
15
90
85
80
95
70
60
50
40
30
20
15
10
5
95
90
85
80

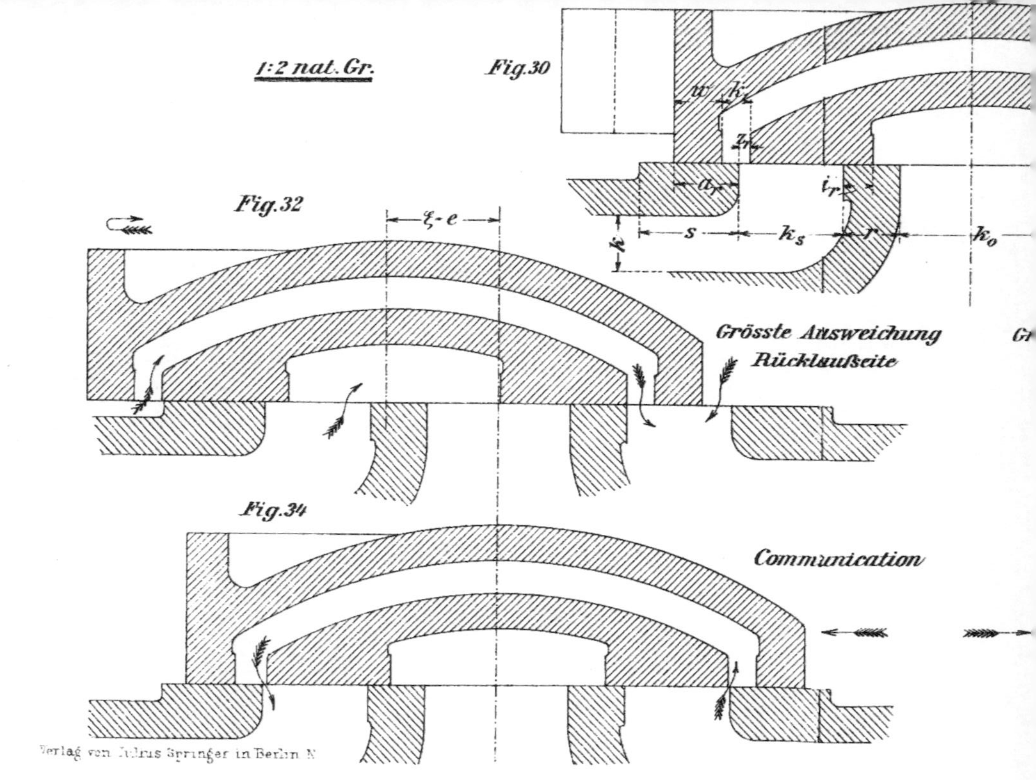

1:2 nat.Gr.
Fig.30
Fig.32
Fig.34
Grösste Ausweichung
Rücklaufseite
Communication
Verlag von Julius Springer in Berlin N

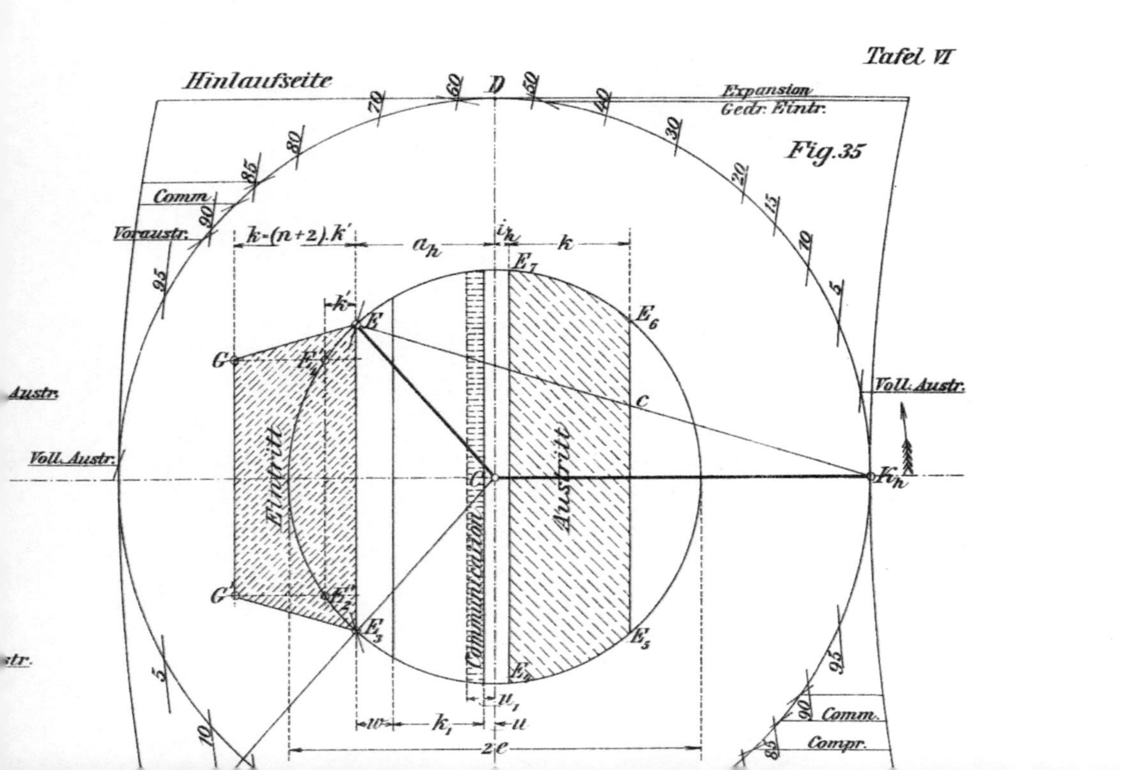

Tafel VI
Hinlaufseite
Expansion
Gedr. Eintr.
Fig. 35
Comm.
Voraustr.
Voll. Austr.
Austr.
Voll. Austr.
str.
Comm.
Compr.
Eintritt
Austritt
Communication
Einfritt
$k-(n+2).k'$
a_h
i_h
k
k'
E_7
E_6
E_5
E_4''
E_2''
E_3
E_1
G'
c
K_h
u_1
u
k_1
k_2
$2e$
5
10
60
70
50
40
30
20
15
10
5
80
85
90
95
95
90
85
D

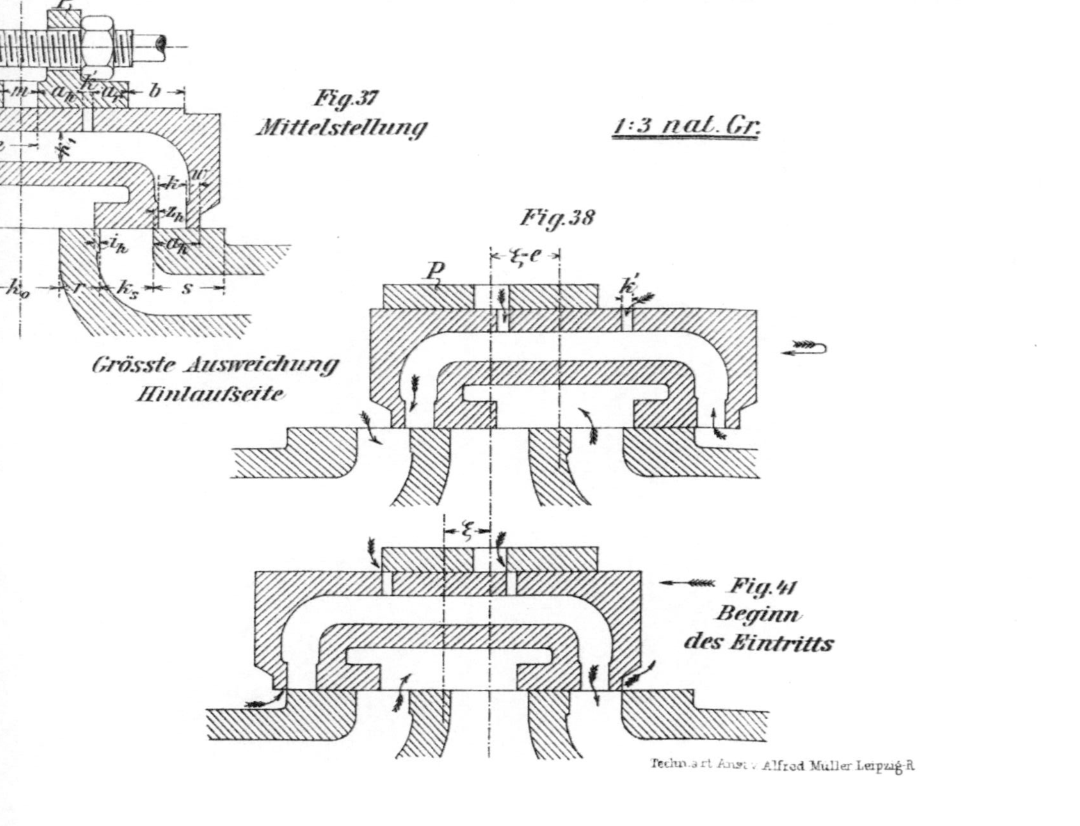

1:3 nat. Gr.
Fig.37
Mittelstellung
Grösste Ausweichung
Hinlaufseite
Fig.38
Fig.41
Beginn
des Eintritts
Techn. art Anst. v. Alfred Müller Leipzig-R.

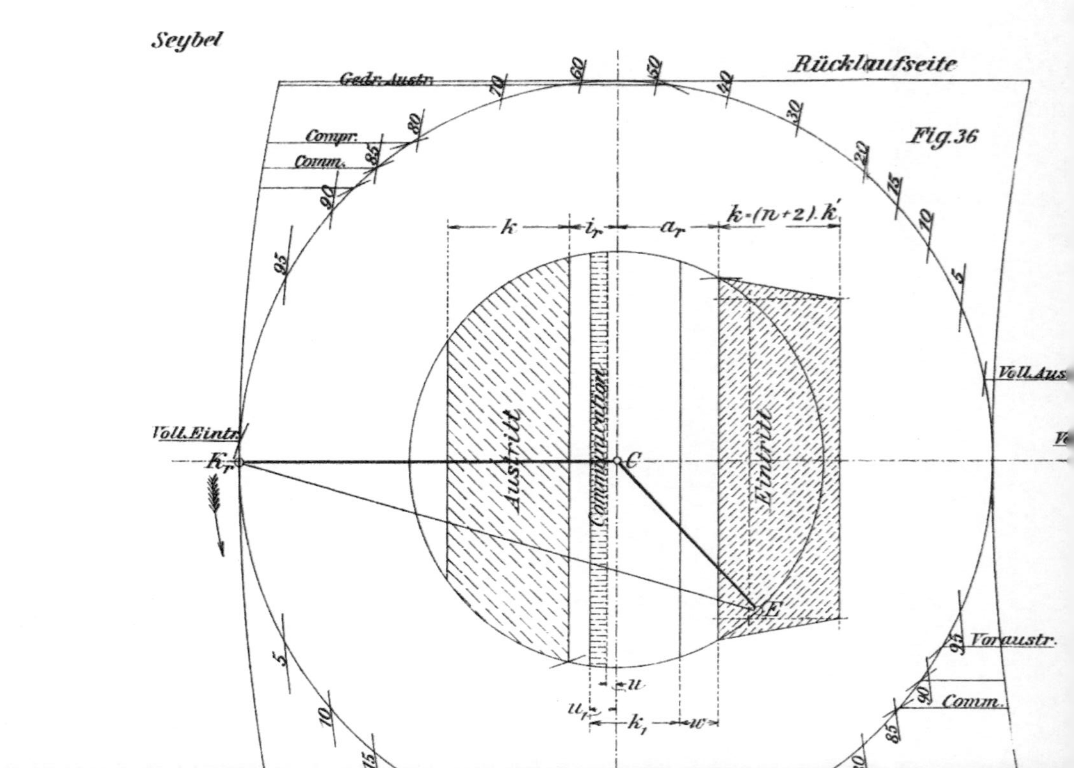

Seybel
Rücklaufseite
Fig. 36
Gedr.Austr.
Compr.
Comm.
Voll.Eintr.
Voll.Aus.
Vorausstr.
Comm.
Austritt
Eintritt
Commutation
K_r
C
E
k
i_r
a_r
$k\cdot(n+2)\cdot k'$
u
u_r
k_1
w

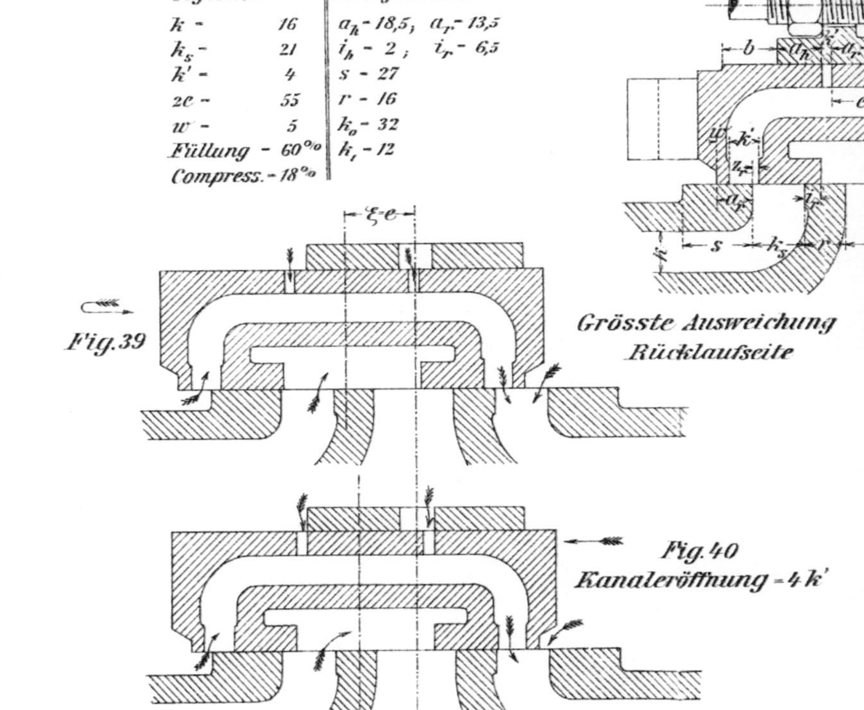

Gegeben :
k - 16
k_s - 21
k' - 4
2c - 55
w - 5
Füllung - 60%
Compress. - 18%
Es ergiebt sich :
a_h - 18,5; a_r - 13,5
i_h - 2; i_r - 6,5
s - 27
r - 16
k_o - 32
k_i - 12

Fig. 39
Grösste Ausweichung
Rücklaufseite
Fig. 40
Kanaleröffnung = 4 k'

Tafel VII
Hinlaufseite
Expansion
Fig. 42
Vorausstr.
Compr.
Eintritt
Austritt
M
C
D
O
E
H
H'
E_1
E_2
E_a
K_h
c
e
a_h
v
i
k_s
$(k_a-v)(k_i-v)$
i_h
v'
k

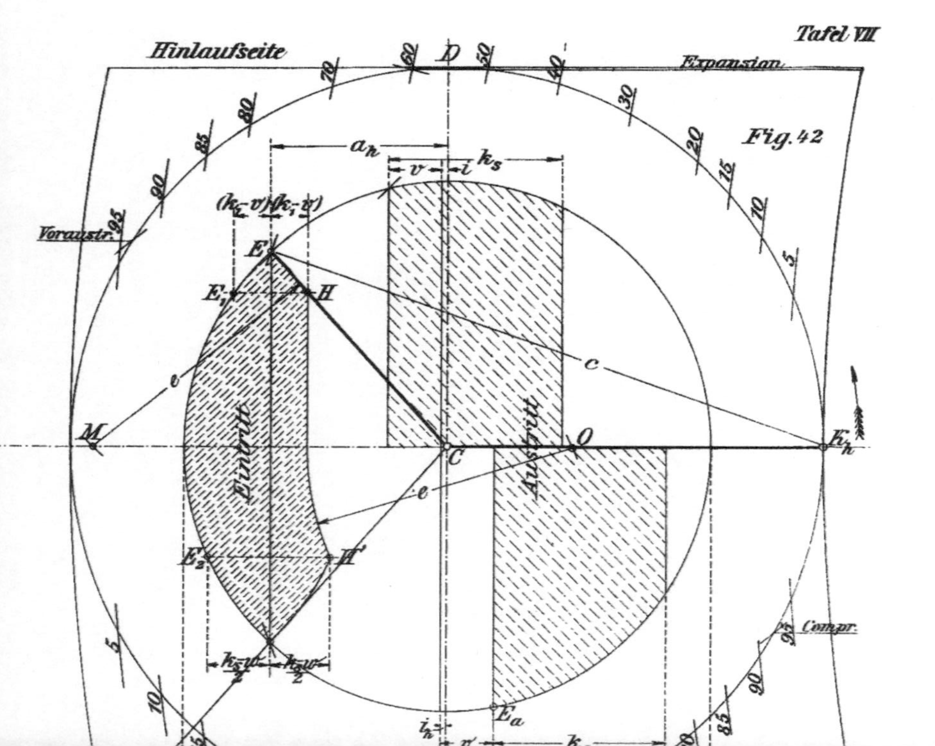

Fig. 42

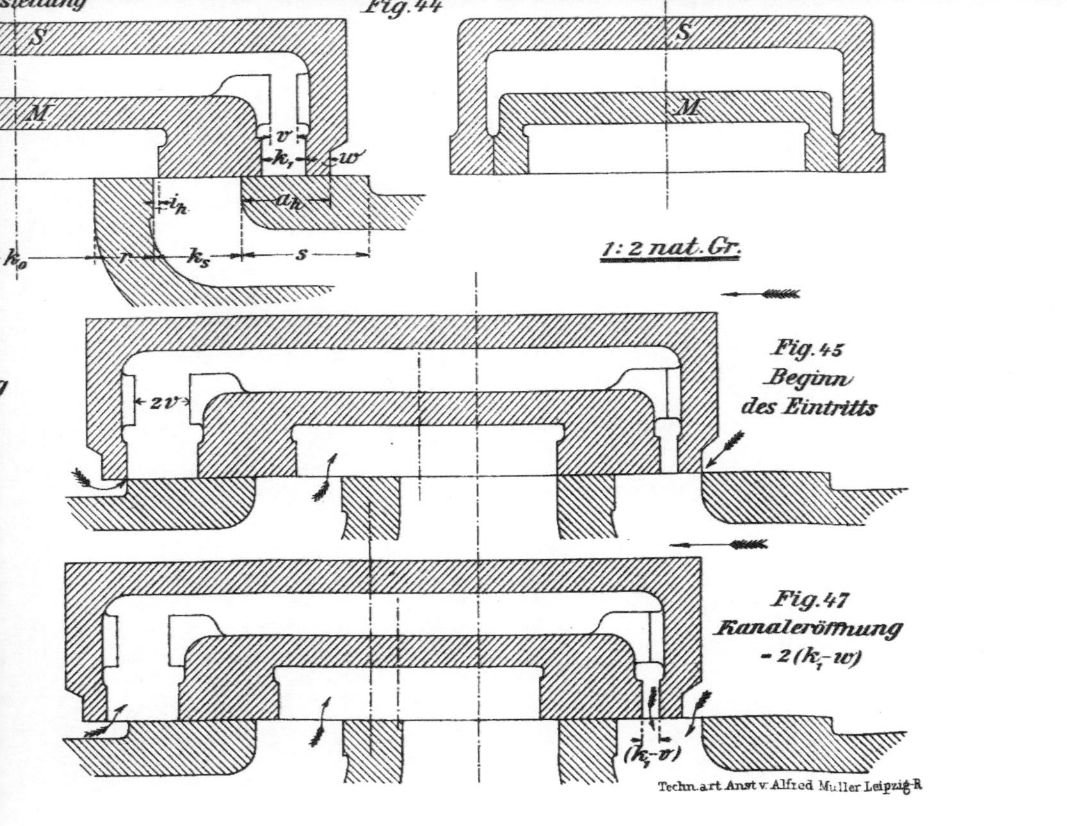
stellung
Fig.44
S
M
S
M
v
k_1
w
i_k
a_k
k_0
r
k_s
s
1:2 nat.Gr.
$2v$
Fig.45
Beginn
des Eintritts
Fig.47
Kanaleröffnung
$-2(k_1-w)$
(k_2-v)
Techn.art.Anst.v.Alfred Müller Leipzig-R

Seybel
Rücklaufseite
Fig. 43
Compr.
Voraustr.
Eintritt
Austritt
C
O
M
e
K_r
K_k
E_s
E_2
E''
E_h
E_h'
E_h
E'
E_1
E_r
G''
G'
J'
J
G
k_s
v
i_r
a_r
$(k_r-v)(k_r-v)$
$v \cdot m$
k_s-w
$k_s=[(k_r-v)+w]$
v
k_c

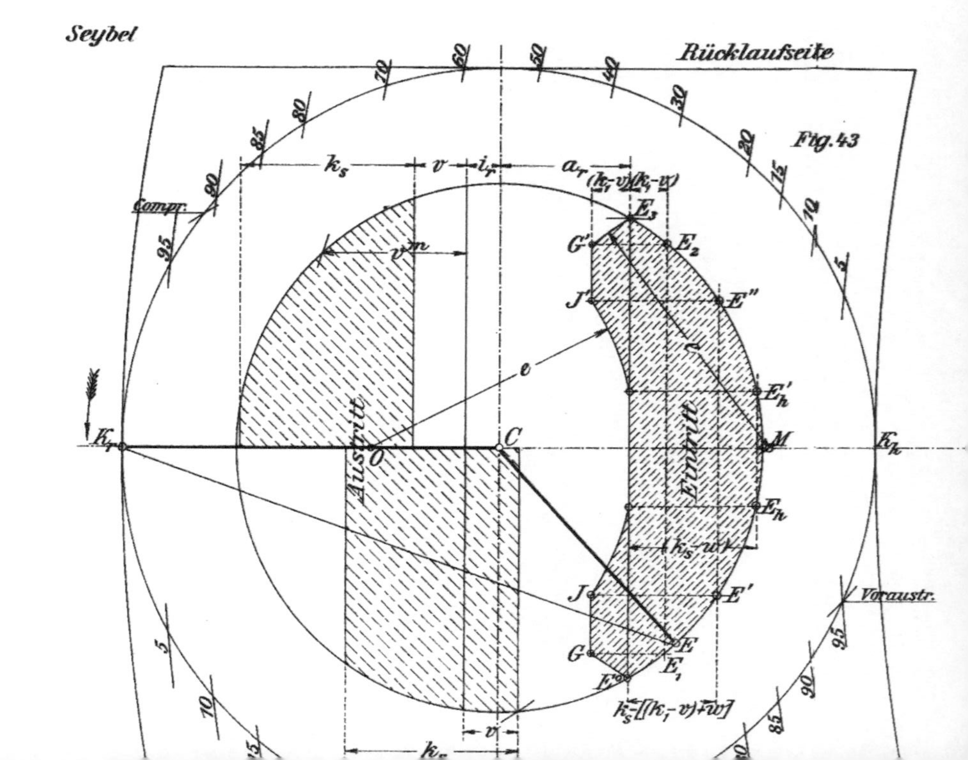

Fig. 43

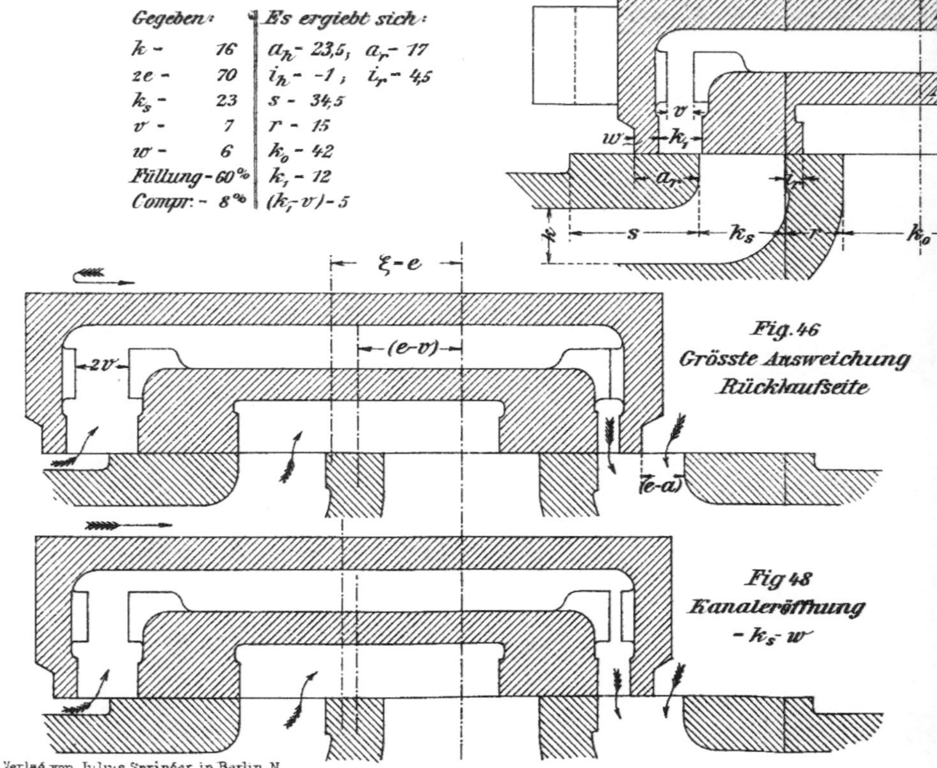

Gegeben:
k - 76
2e - 70
k_s - 23
v - 7
w - 6
Füllung - 60%
Compr. - 8%
Es ergiebt sich:
a_h - 23,5, a_r - 17
i_h - -1, i_r - 4,5
s - 34,5
r - 15
k_o - 42
k_i - 12
(k_i - v) - 5
Fig. 46
Grösste Ausweichung
Rücklaufseite
Fig 48
Kanaleröffnung
- k_s - w

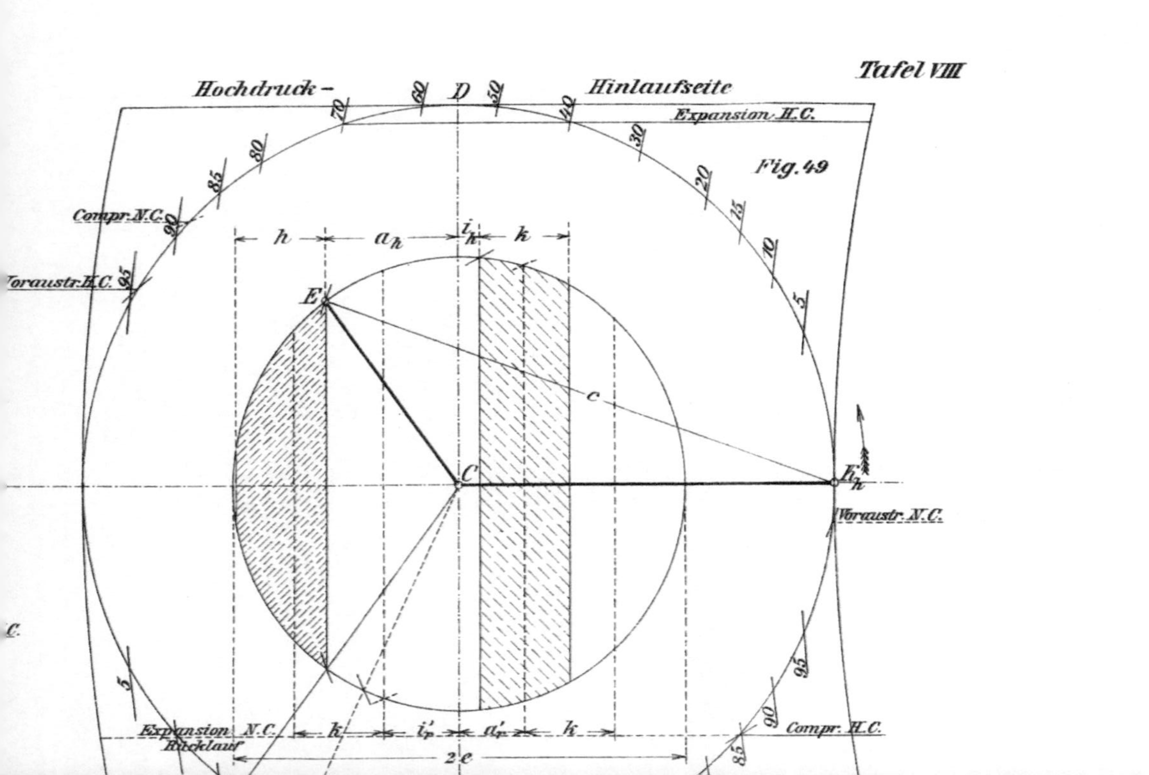

Hochdruck -
Hinlaufseite
Tafel VIII
Expansion H.C.
Fig. 49
Compr. N.C.
Voraustr. H.C.
Expansion N.C.
Rücklauf
Compr. H.C.
Voraustr. N.C.
E
C
E_h
c
h
a_h
i_k
k
k
i'_p
a'_p
k
2 e
D
5
10
15
20
30
40
50
60
70
80
85
90
95

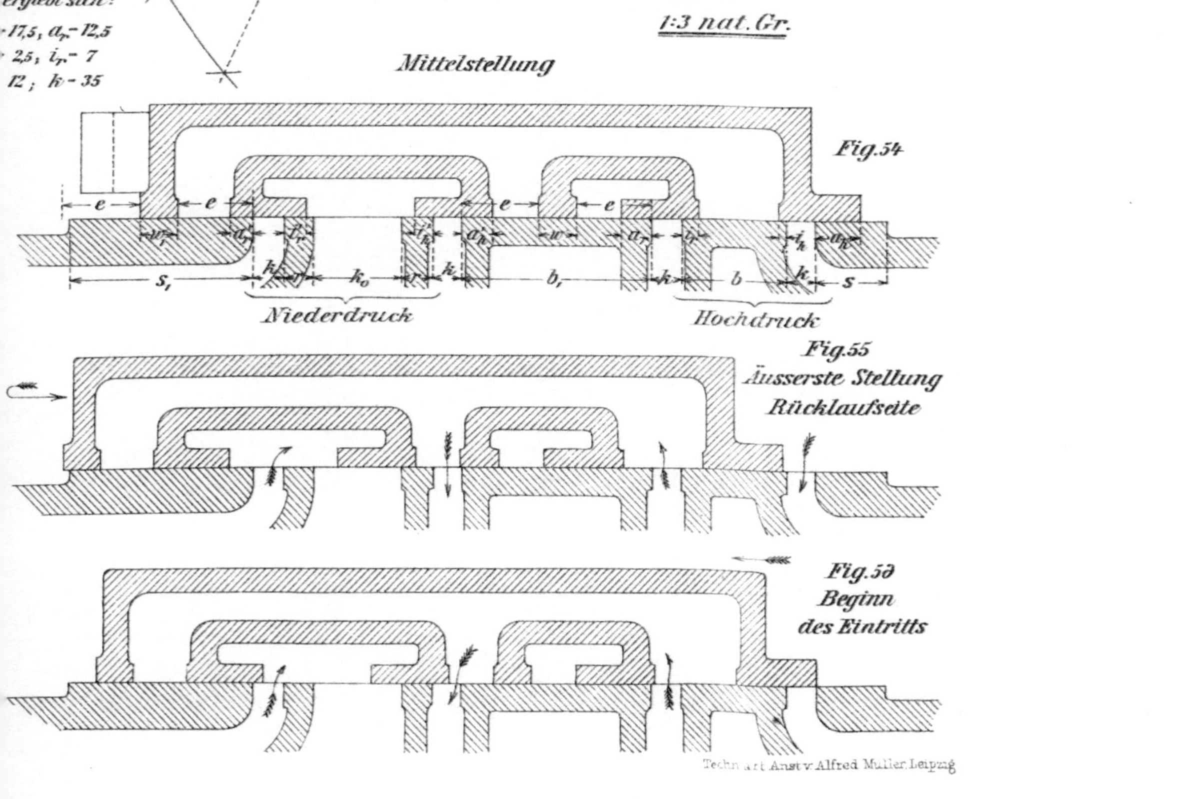

ergiebt sich :
17,5, a_r - 12,5
2,5, i_r - 7
12 ; k - 35
1:3 nat.Gr.
Mittelstellung
Fig.54
e e e e
w_r a_r i_r a_h w a_r i_h a_h
S_i h_r k_o r b_r k b k s
Niederdruck
Hochdruck
Fig.55
Äusserste Stellung
Rücklaufseite
Fig.56
Beginn
des Eintritts
Techn. art. Anst v. Alfred Müller, Leipzig

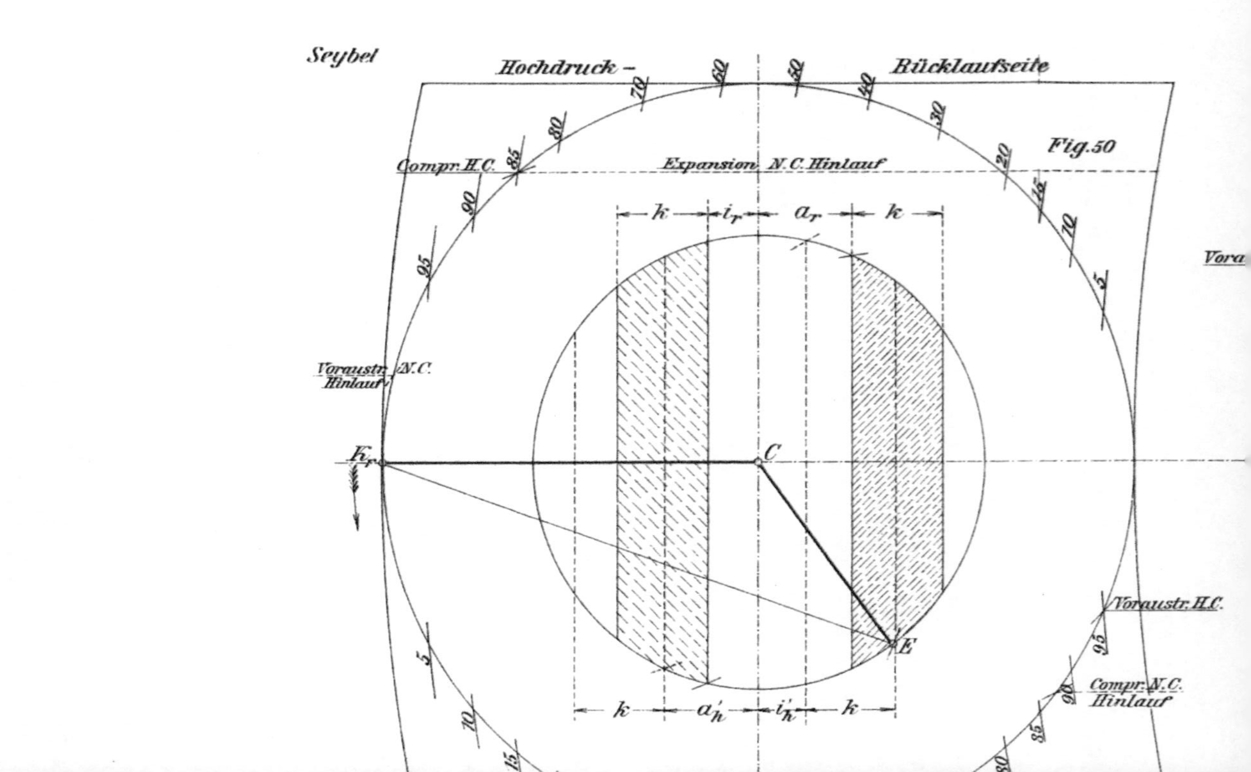

Seybel
Hochdruck −
Rücklaufseite
Fig.50
Compr. H.C.
Expansion N.C. Hinlauf
Voraustr. N.C.
Hinlauf
Voraustr. H.C.
Compr. N.C.
Hinlauf
Vora
K_r
C
E
k
i_r
a_r
k
k
a'_h
i''_h
k

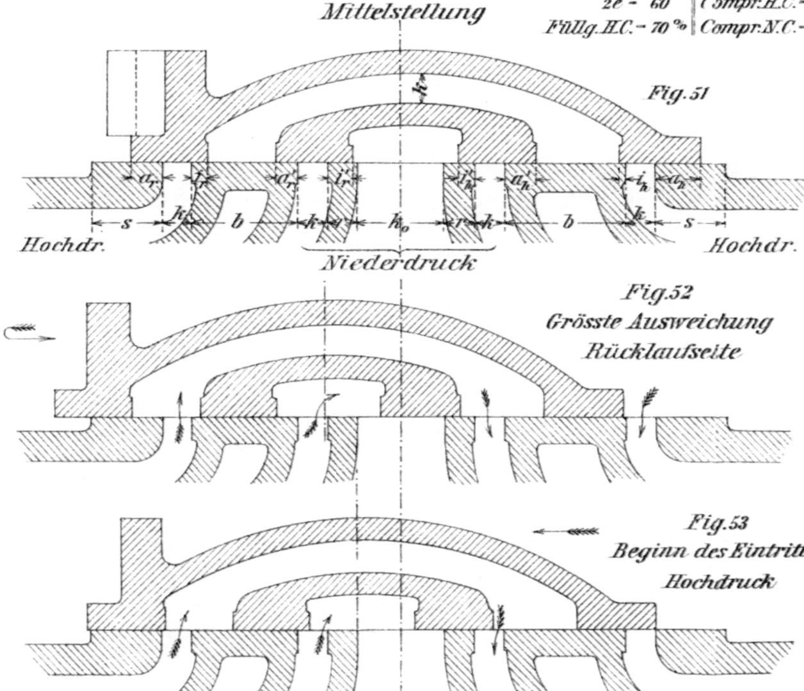

k = 12
2e = 60
Füllg.H.C. = 70%
Füllg.N.C. = 85%
Compr.H.C. = 15%
Compr.N.C. = 12%
a_h = 17,5
i_h = 2,5
r = 12;
Mittelstellung
Fig.51
Hochdr.
Niederdruck
Hochdr.
Fig.52
Grösste Ausweichung
Rücklaufseite
Fig.53
Beginn des Eintritts
Hochdruck

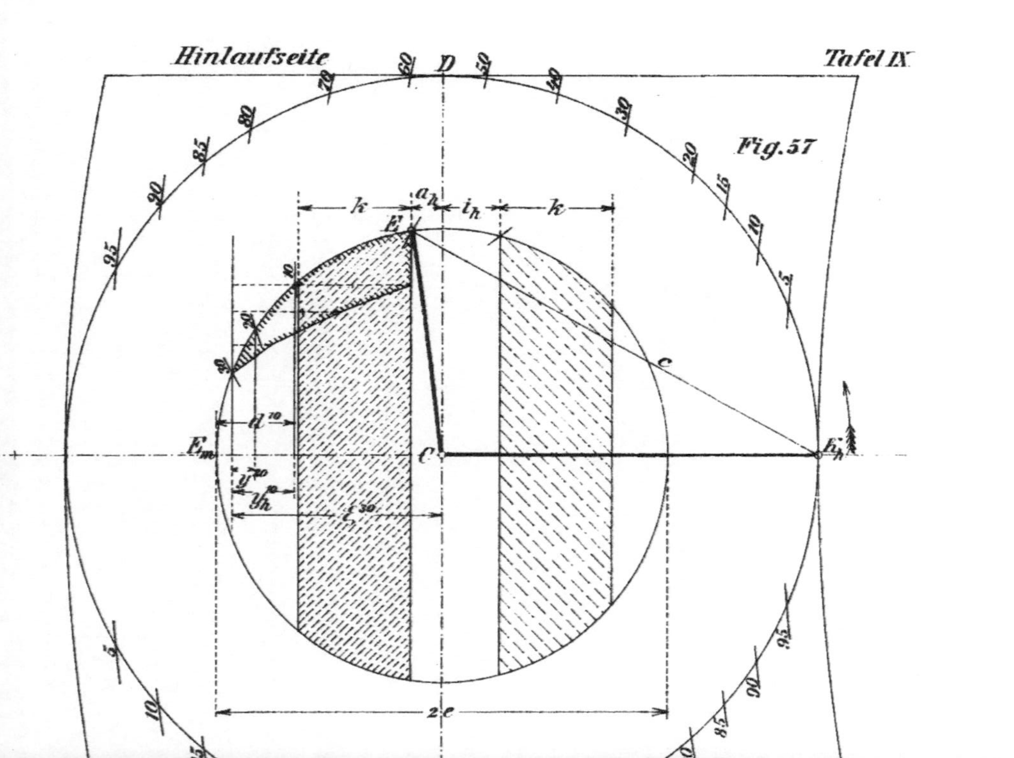

Hinlaufseite
Tafel IX
Fig. 57

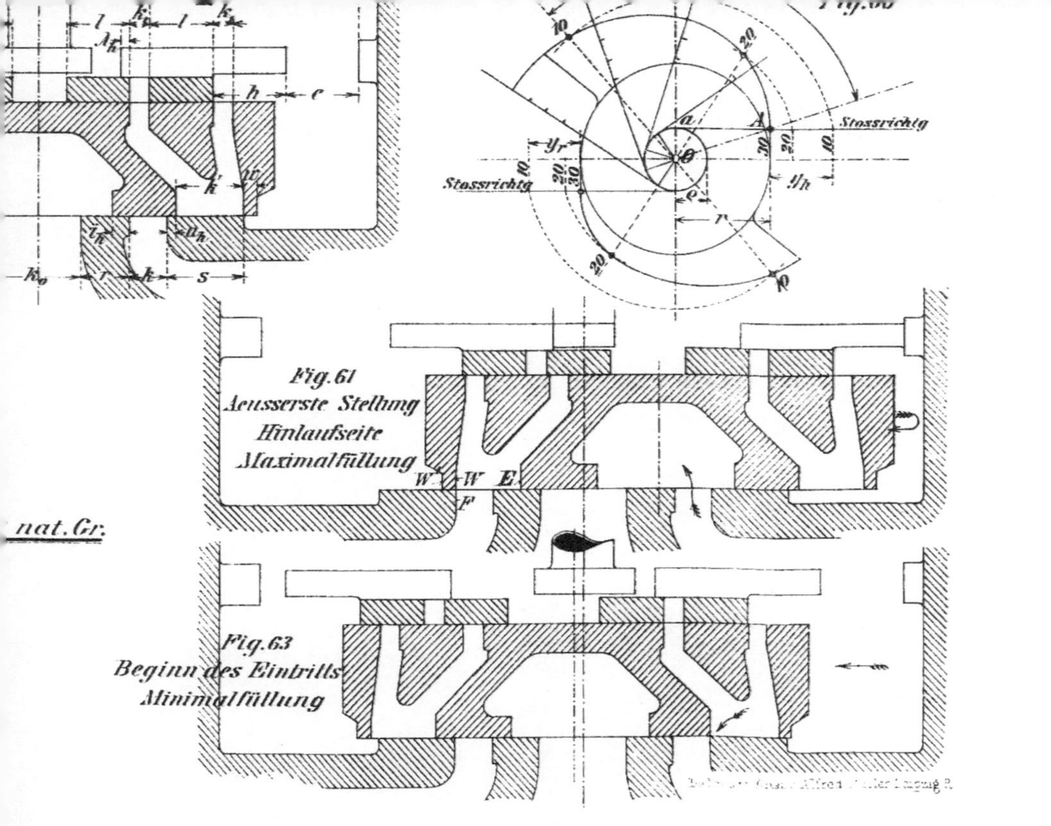

Stossrichtg
Stossrichtg
Fig. 61
Aeusserste Stellung
Hinlaufseite
Maximalfüllung
W W E
Fig. 63
Beginn des Eintritts
Minimalfüllung
nat. Gr.

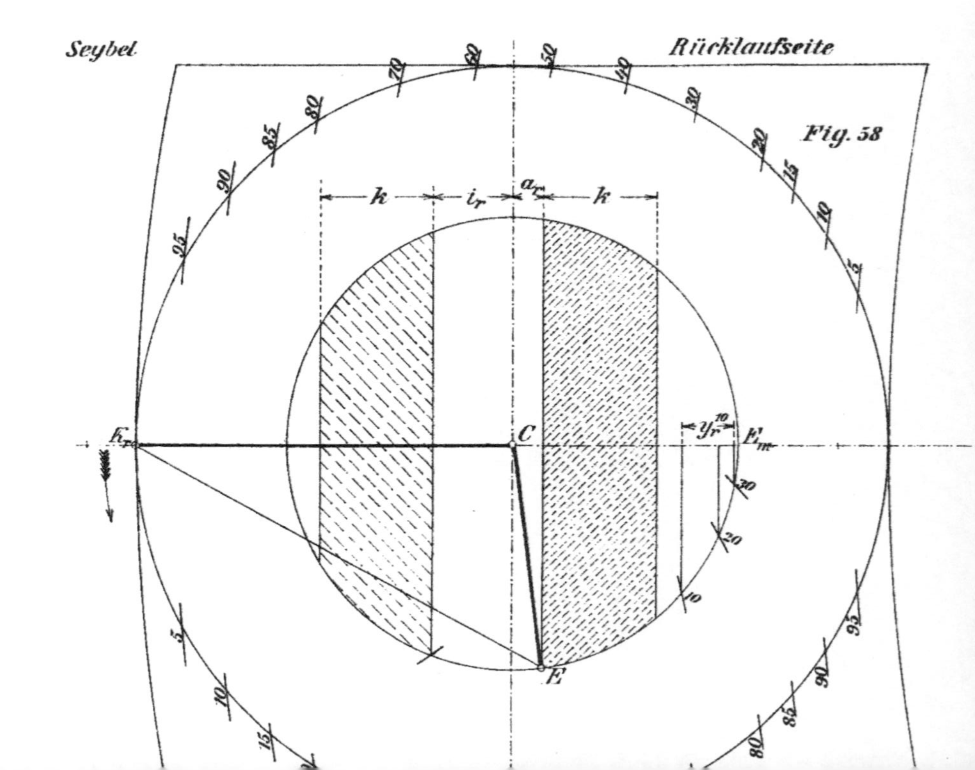

Seybel
Rücklaufseite
Fig. 58
k
i_r
a_r
k
y_r
C
E
E'_m
k_r

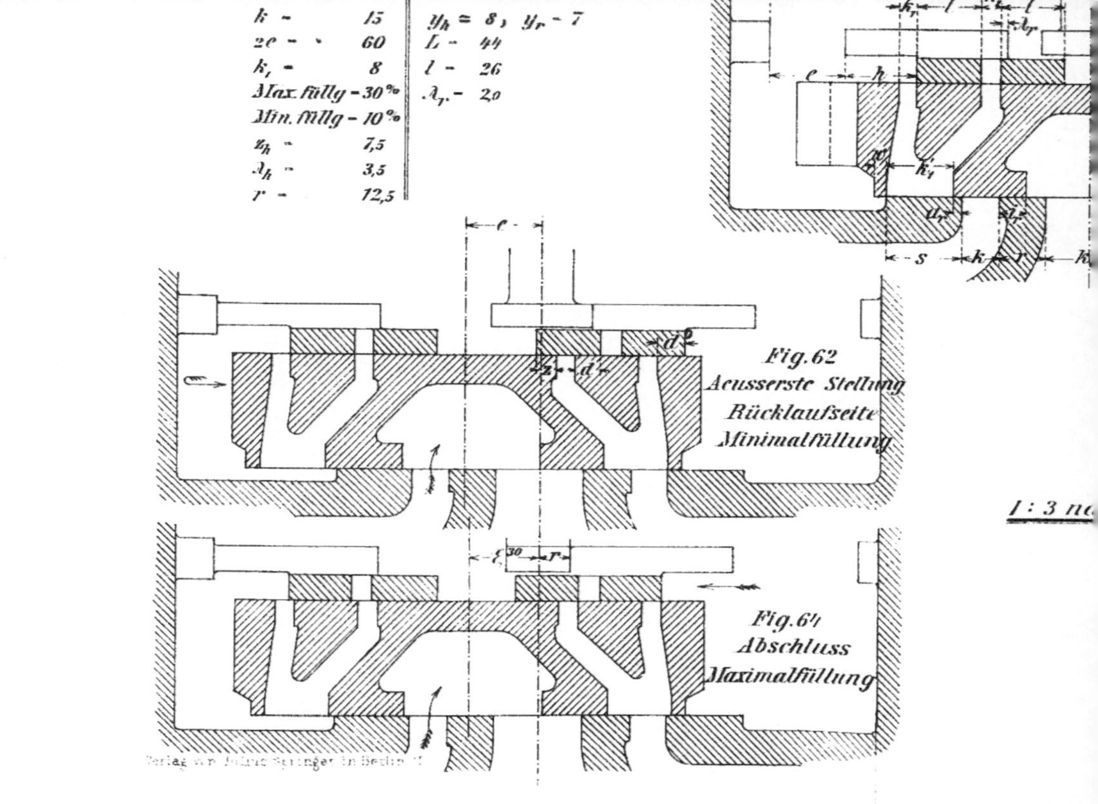

k — 15
2e — 60
k₁ — 8
Max. füllg — 30‰
Min. füllg — 10‰
z_h — 7,5
λ_h — 3,5
r — 12,5
y_h = 8, y_r — 7
L — 44
l — 26
λ_r — 2,0
Fig. 62
Aeusserste Stellung
Rücklaufseite
Minimalfüllung
Fig. 64
Abschluss
Maximalfüllung
1 : 3 nat.
Verlag von Julius Springer in Berlin

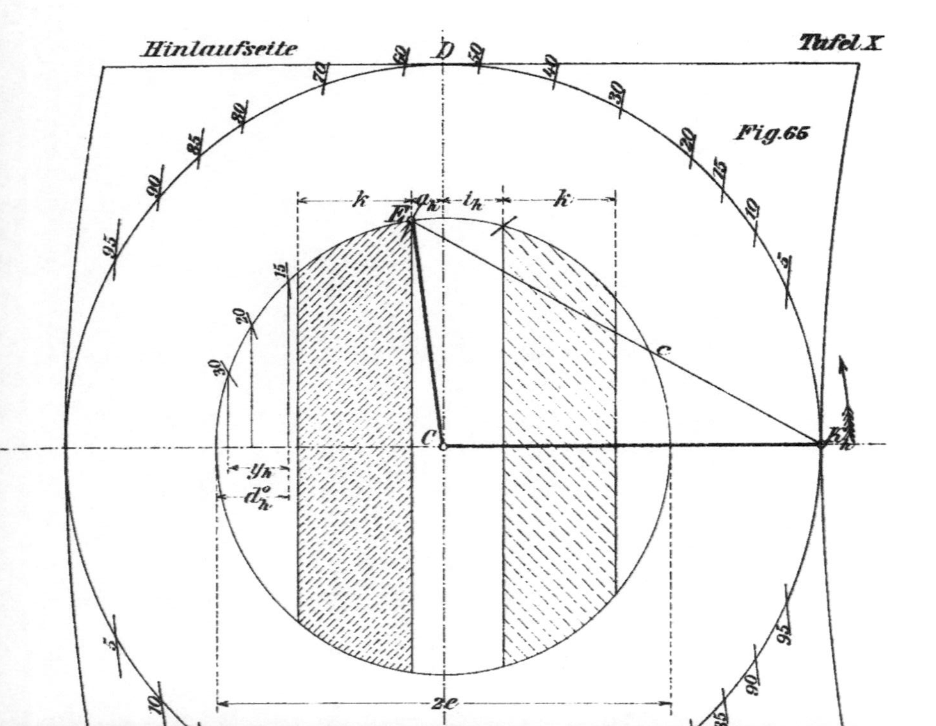

Hinlaufseite
Tafel X
Fig.65

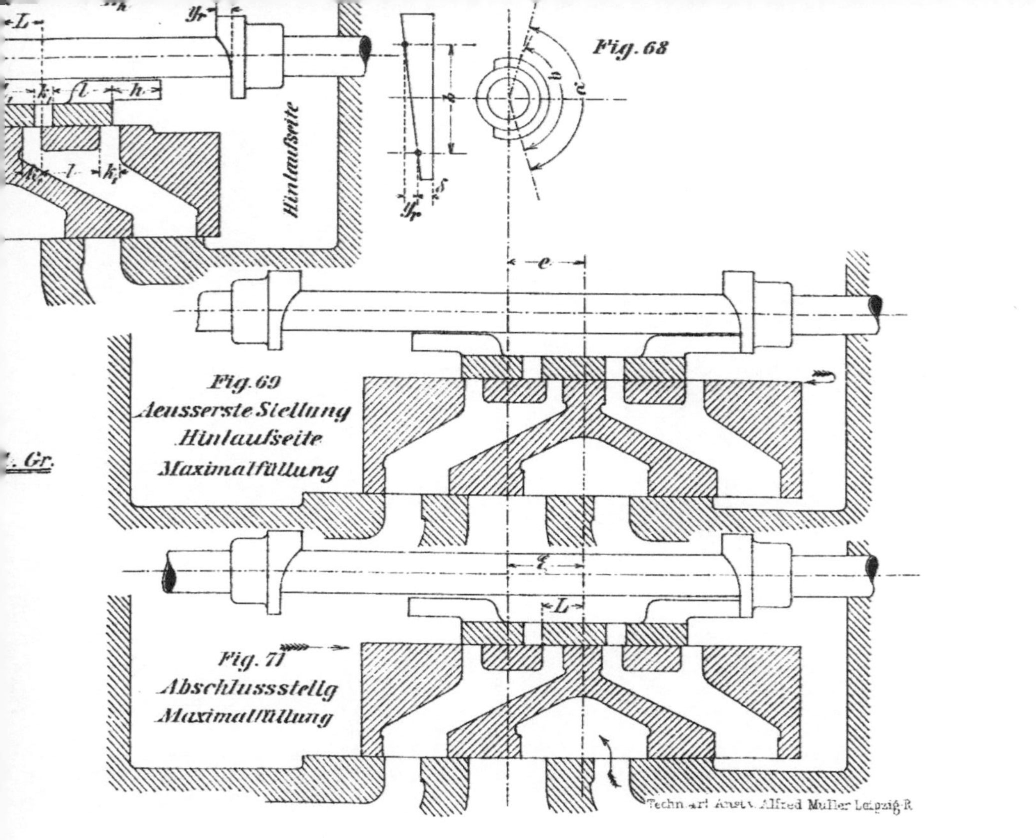
Fig. 68
Hinlaufseite
Fig. 69
Aeusserste Stellung
Hinlaufseite
Maximalfüllung
Fig. 71
Abschlussstellg
Maximalfüllung
Techn. art Anst v. Alfred Müller Leipzig-R.

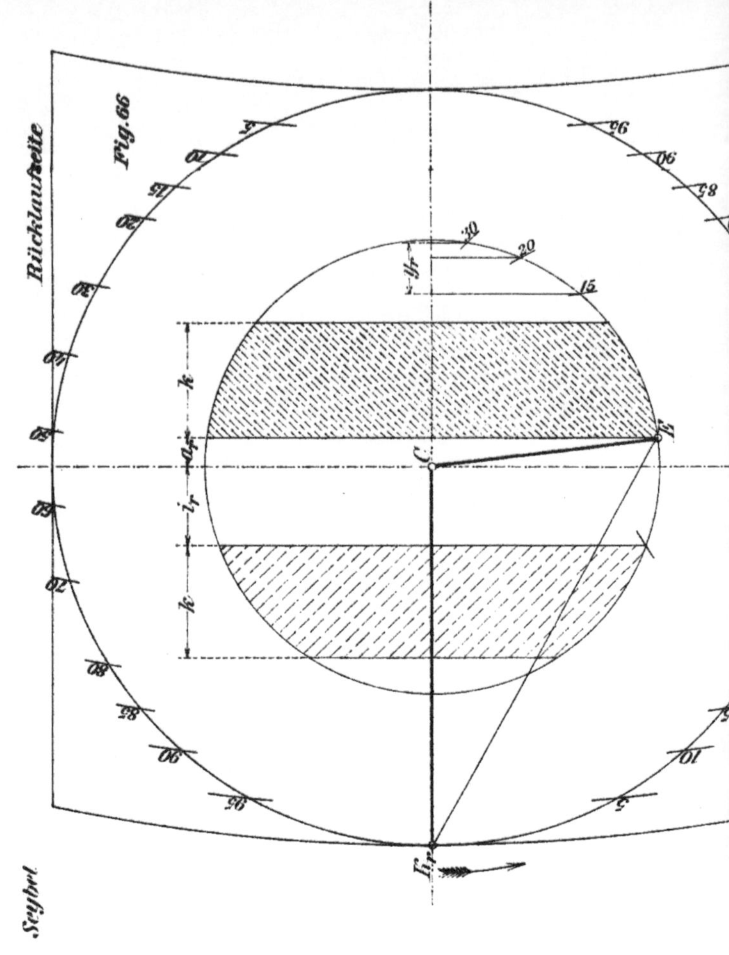
Rücklaufseite
Fig. 66
Scybut
k
i_r
h
30
20
15

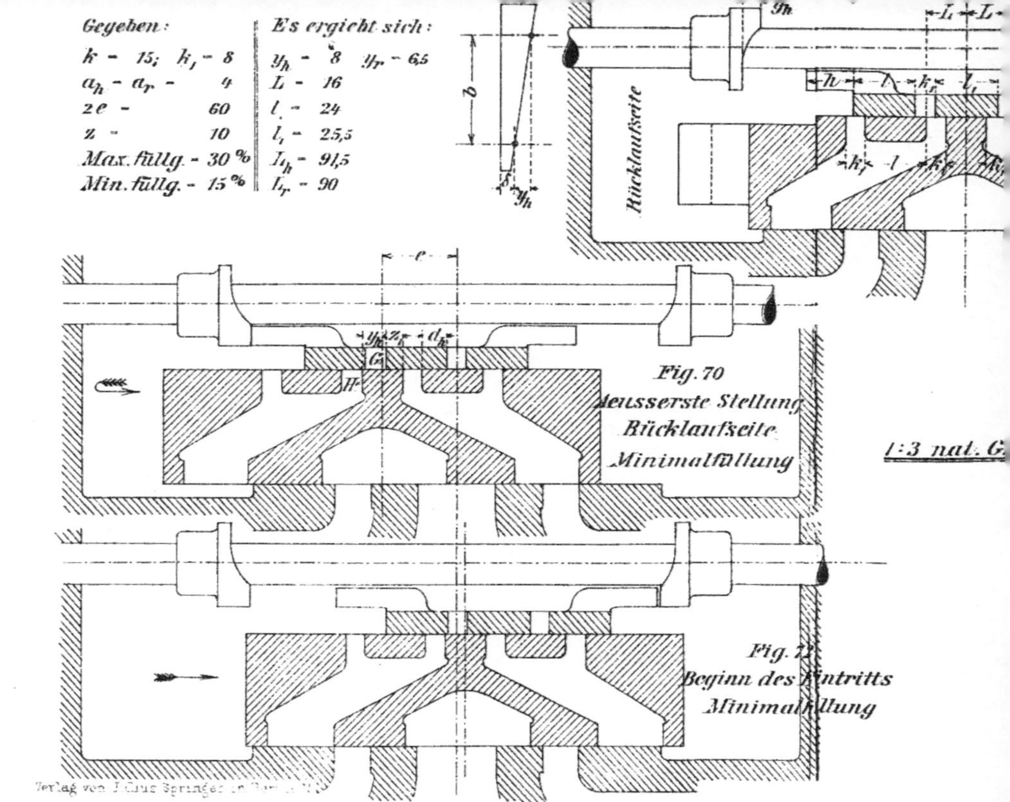

Gegeben:
k = 15; k₁ = 8
aₕ = aᵣ = 4
2e = 60
z = 10
Max. füllg. = 30 %
Min. füllg. = 15 %
Es ergiebt sich:
yₕ = 8   yᵣ = 6,5
L = 16
l = 24
l₁ = 25,5
lₕ = 91,5
lᵣ = 90
Rücklaufseite
1:3 nat. G.
Fig. 70
Aeusserste Stellung
Rücklaufseite
Minimalfüllung
Fig. 71
Beginn des Eintritts
Minimalfüllung
Verlag von Julius Springer in Berlin.

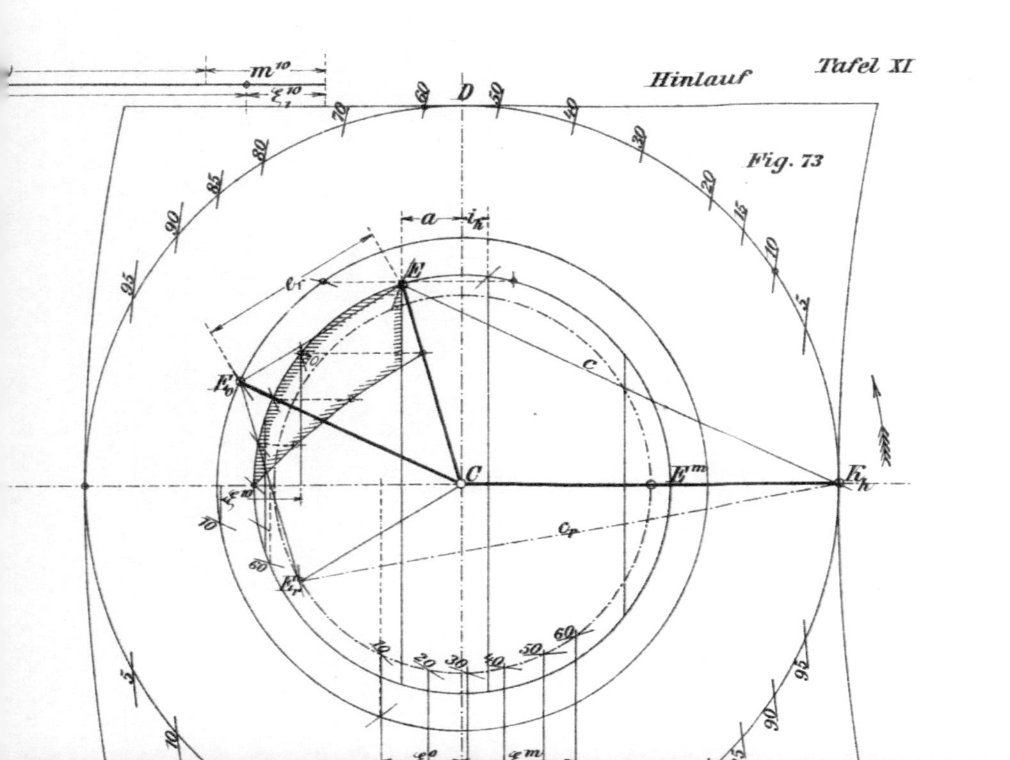

Tafel XI

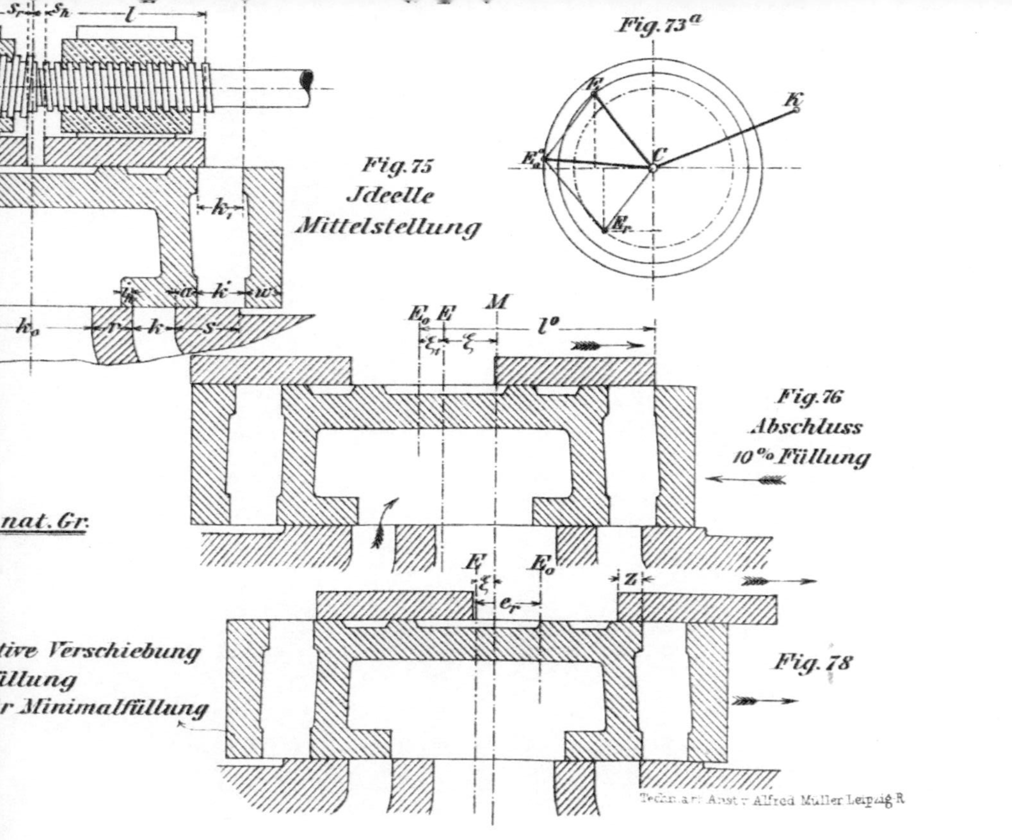

Fig. 73ᵃ
Fig. 75
Ideelle
Mittelstellung
nat. Gr.
Fig. 76
Abschluss
10 % Füllung
...tive Verschiebung
...üllung
...ir Minimalfüllung
Fig. 78
Techn. Anst. v. Alfred Müller Leipzig R.

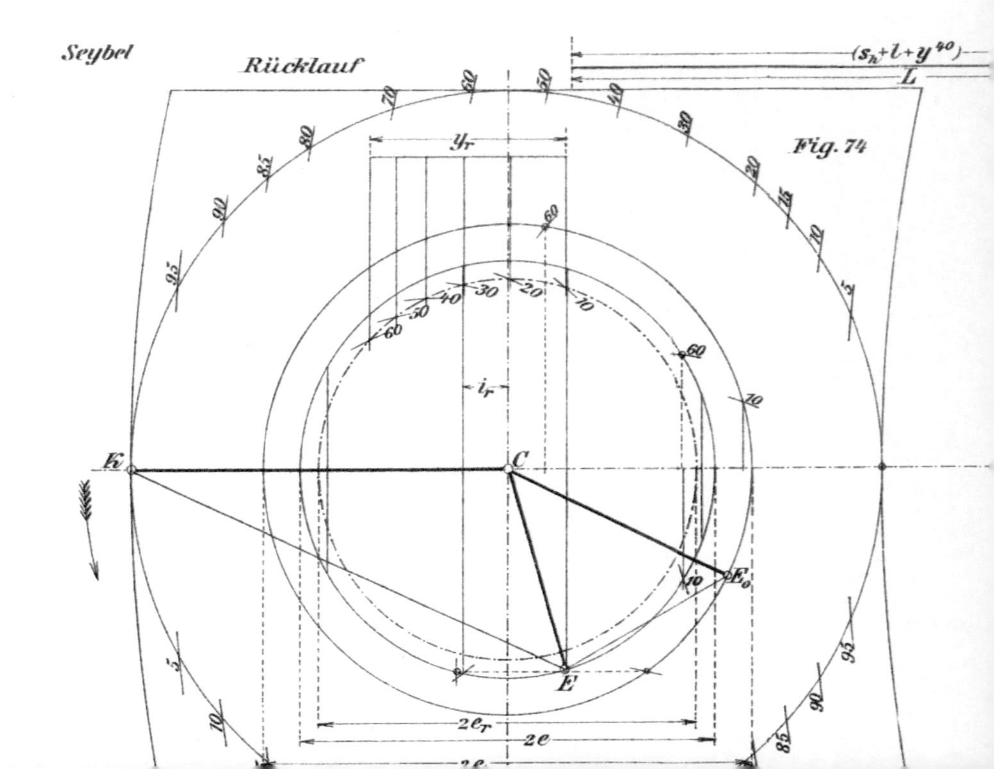

Seybel
Rücklauf
$(s_h + l + y^{40})$
L
Fig. 74
y_r
i_r
C
E
E_0
E_1
$2e_r$
$2e$

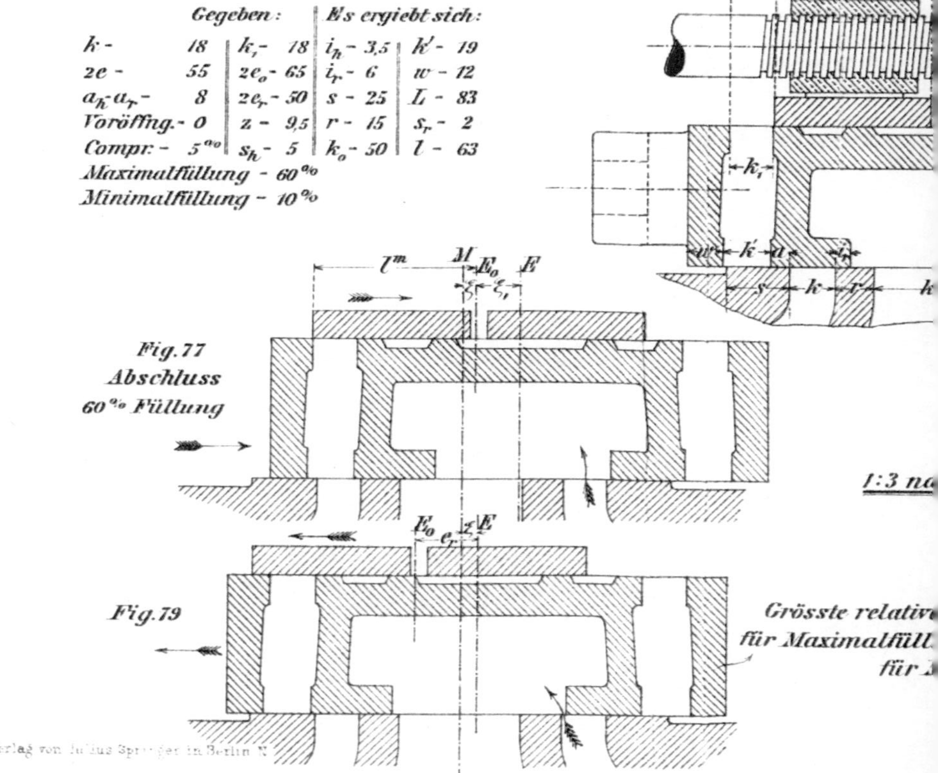

Gegeben: Es ergiebt sich:
k - 18 k_r - 18 i_h - 3,5 k' - 19
$2e$ - 55 $2e_o$ - 65 i_r - 6 w - 12
$a_k a_r$ - 8 $2e_r$ - 50 s - 25 L - 83
Voröffng. - 0 z - 9,5 r - 15 s_r - 2
Compr. - 5$^{o/o}$ s_h - 5 k_o - 50 l - 63
Maximalfüllung - 60$^{o/o}$
Minimalfüllung - 10$^{o/o}$

Fig.77
Abschluss
60$^{o/o}$ Füllung

Fig.79

1:3 n

Grösste relative
für Maximalfüll
für

Verlag von Julius Springer in Berlin N

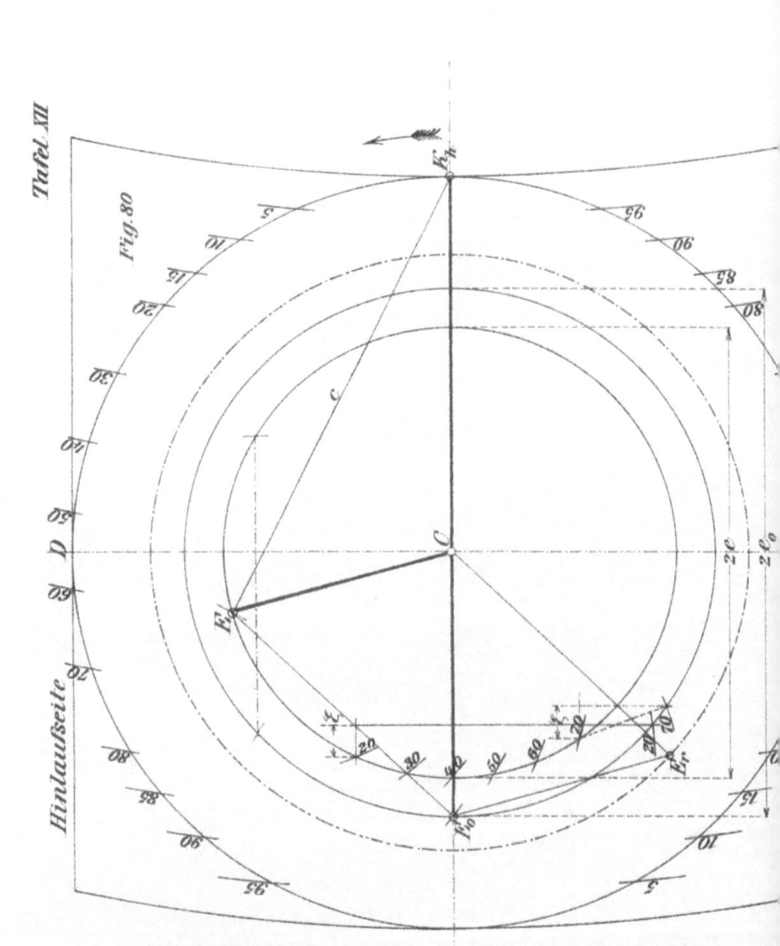

Tafel XII
Fig. 80
Hinlaufseite

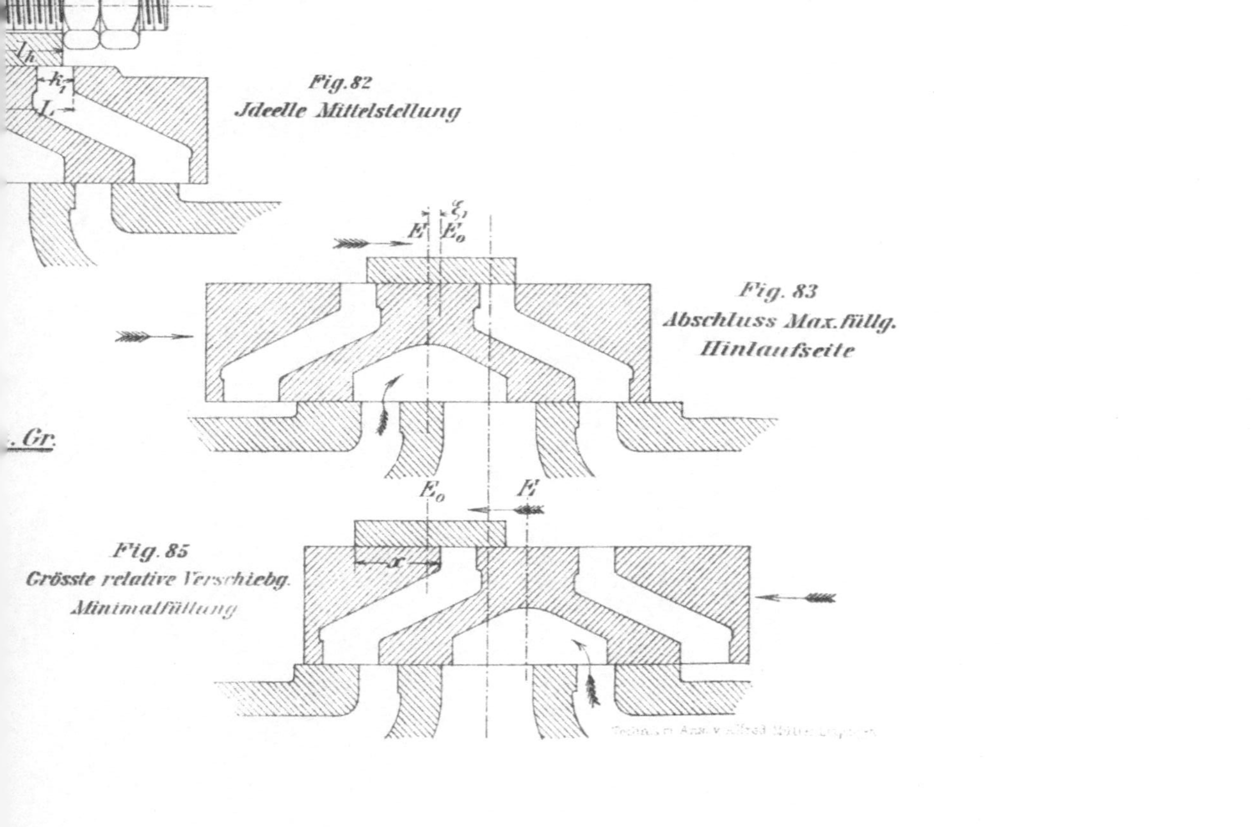

Fig. 82
Ideelle Mittelstellung
Fig. 83
Abschluss Max. füllg.
Hinlaufseite
Fig. 85
Grösste relative Verschiebg.
Minimalfüllung

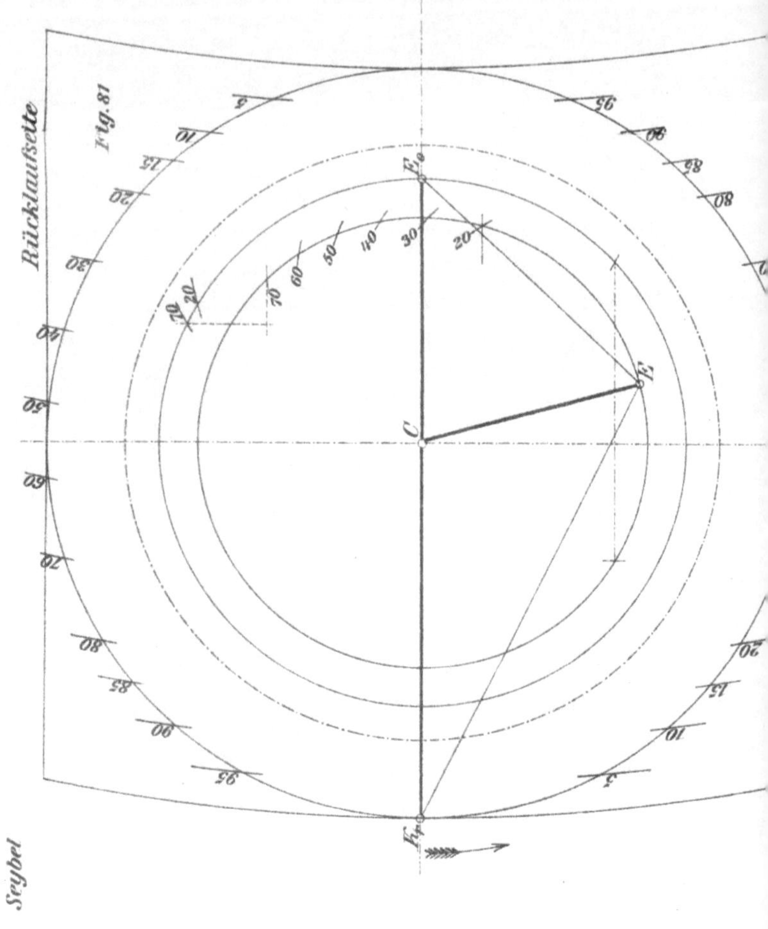

Rücklaufseite
Fig. 81
Seybel

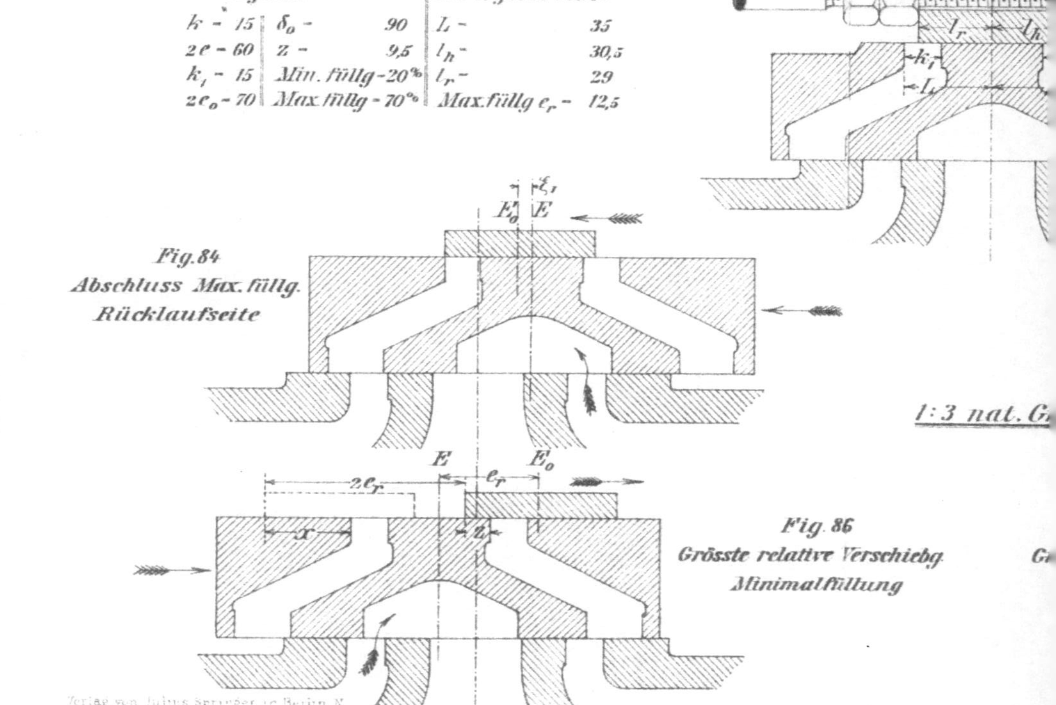

Gegeben:
k = 15
2e = 60
k_1 = 15
2e_o = 70
δ_o = 90
z = 9,5
Min. füllg = 20%
Max. füllg = 70%
Es ergiebt sich:
L = 35
l_h = 30,5
l_r = 29
Max. füllg e_r = 12,5
Fig. 84
Abschluss Max. füllg.
Rücklaufseite
Fig. 86
Grösste relative Verschiebg.
Minimalfüllung
1:3 nat. Gr.
Verlag von Julius Springer in Berlin N.

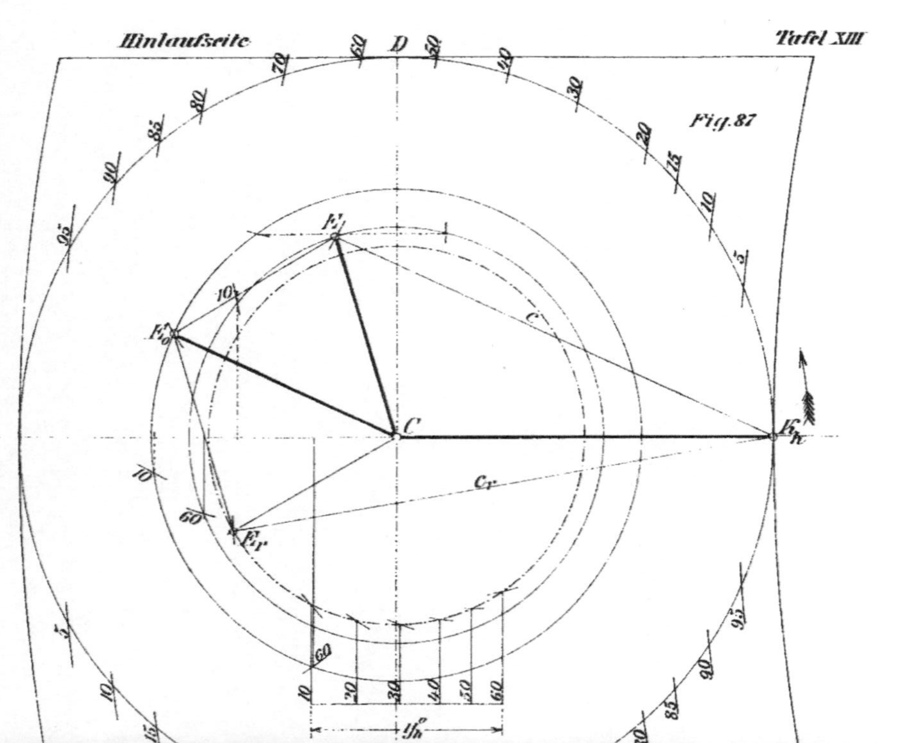

Einlaufseite
Tafel XIII
Fig. 87
D
C
Fo
Fu
Er
Fk
C'
Cr

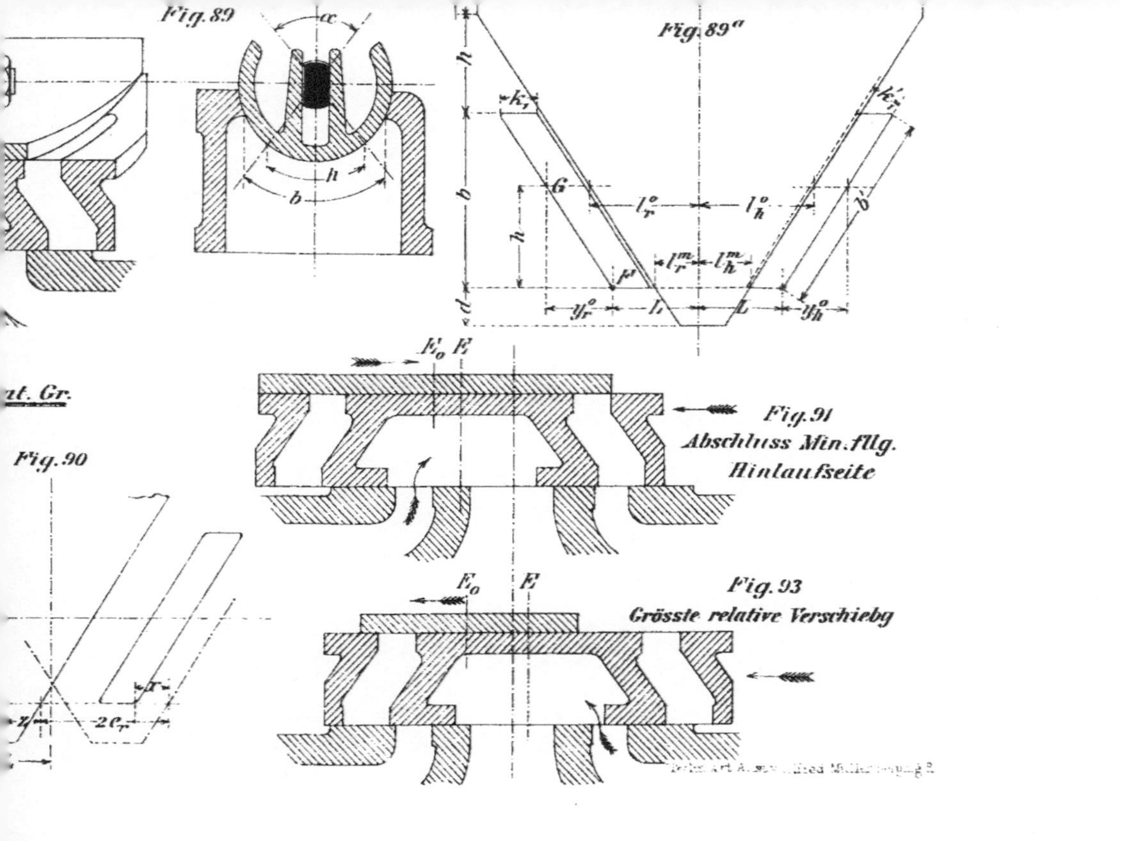
Fig. 89
Fig. 89"
Fig. 90
Fig. 91
Abschluss Min.Fllg.
Hinlaufseite
Fig. 93
Grösste relative Verschiebg
nt. Gr.

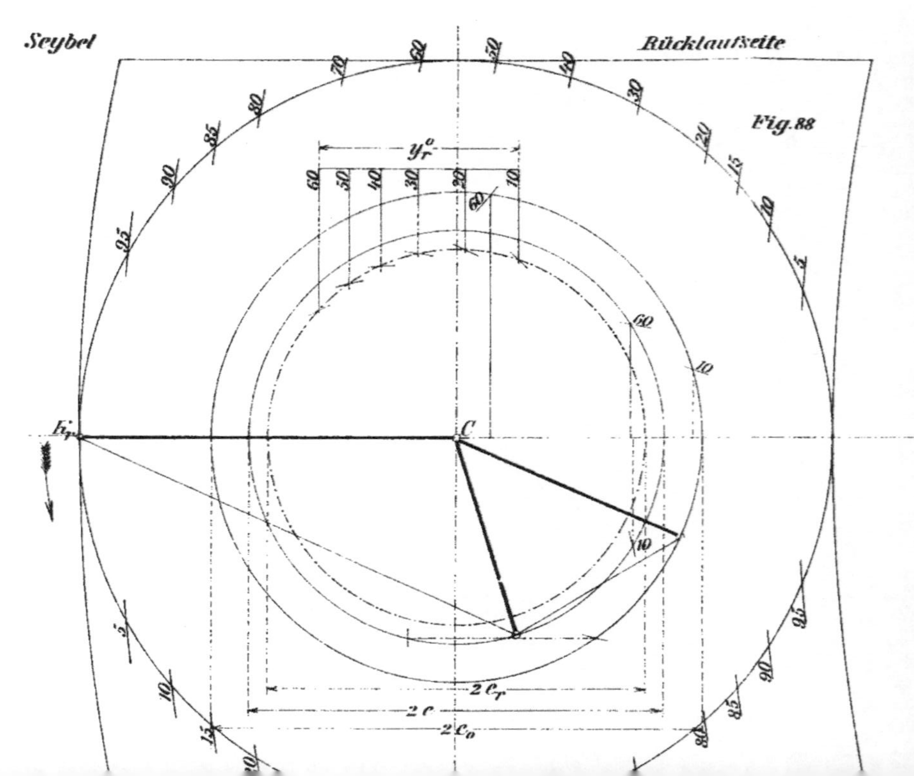

Seybel
Rücklaufseite
Fig. 88

Gegeben:

$k = 15$	$b = 75$		
$2e = 55$	$h = 40$		
$k_1 = 15$	$z = 9{,}5$		
$2c_o = 65$	$\varepsilon\,min. = 10\%$		
$2c_r = 50$	$\varepsilon\,max. = 60\%$		

Es ergiebt sich:

$L =$	34		
Hinlf. $\xi_1^o =$	11;	$\xi_1^m =$	$14{,}5$
Rücklf. $\xi_1^o =$	8;	$\xi_1^m =$	$18{,}5$
$y_h^o =$	$25{,}5$;	$y_r^o =$	$26{,}5$
Hinlf. $l^m =$	$19{,}5$;	$l^o =$	45
Rücklf. $l^m =$	$15{,}5$;	$l^o =$	42

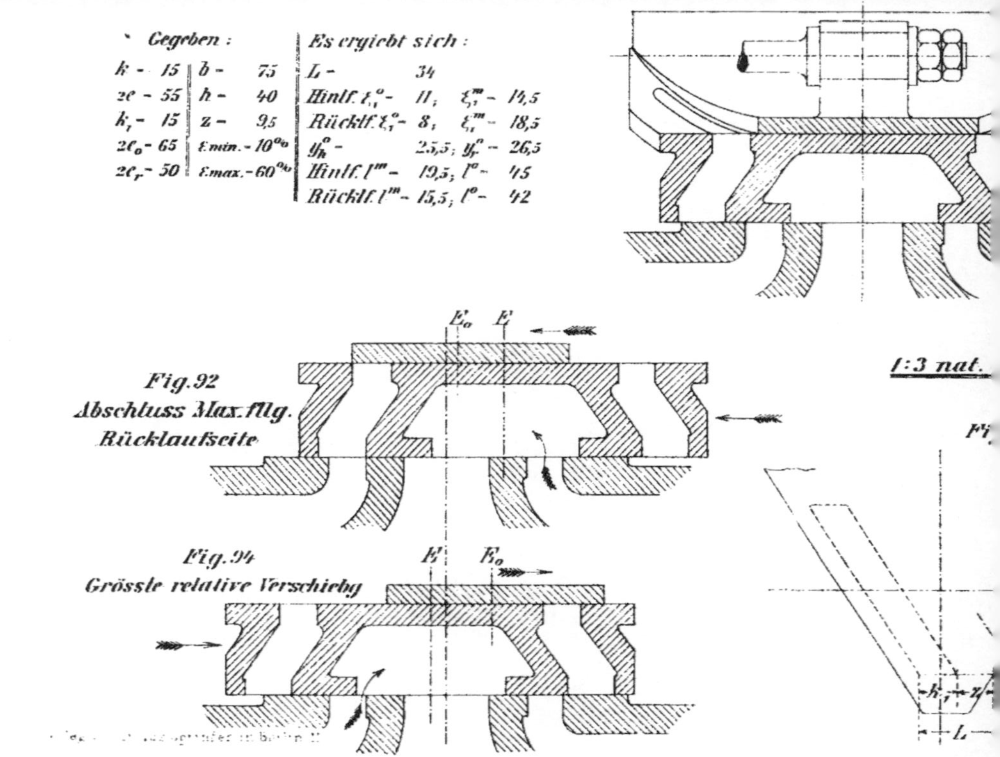

Fig. 92
Abschluss Max. flg.
Rücklaufseite

Fig. 94
Grösste relative Verschieby

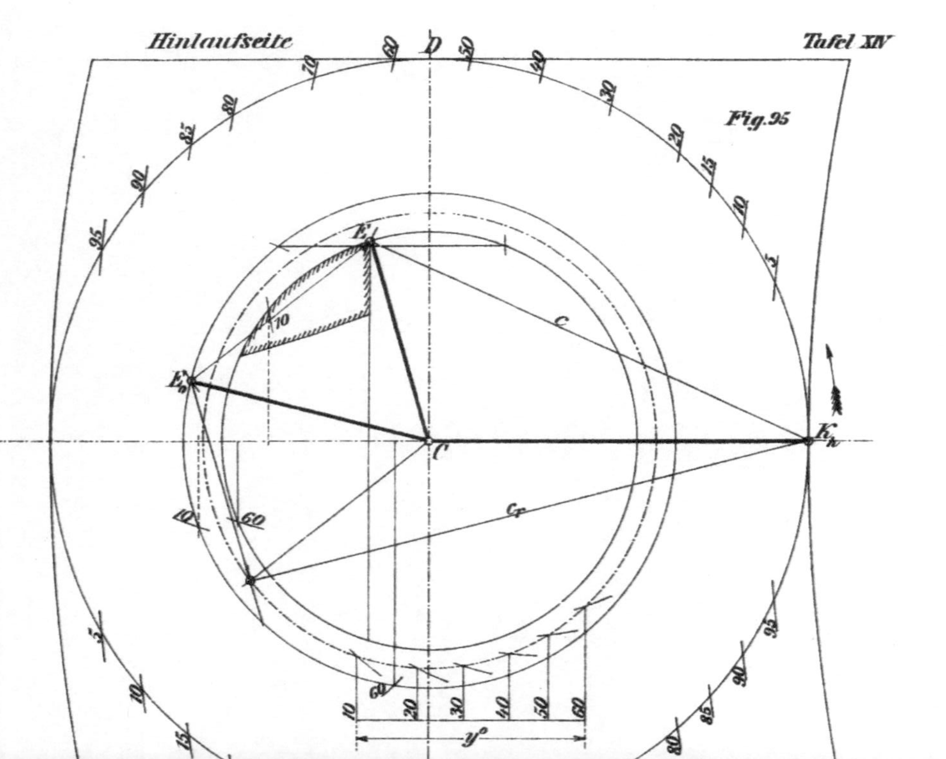

Hinlaufseite
Tafel XIV
Fig. 95

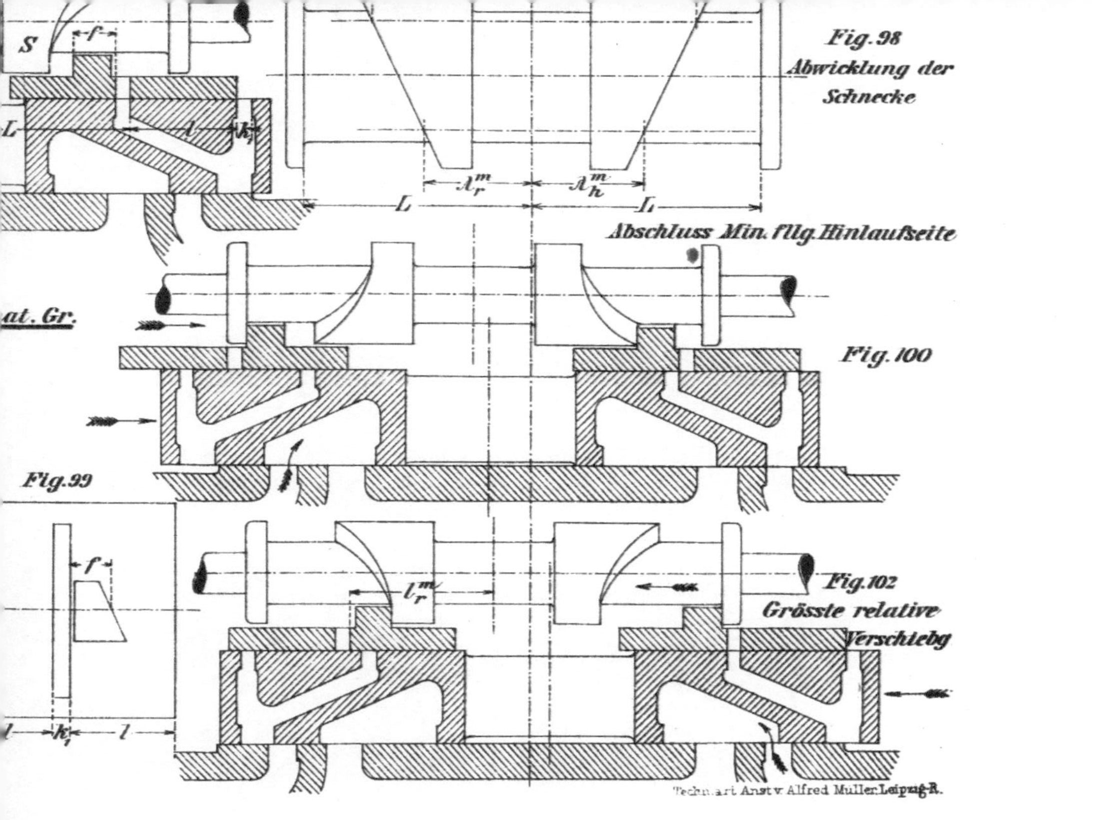

Fig. 98
Abwicklung der
Schnecke
Abschluss Min. fllg. Hinlaufseite
at. Gr.
Fig. 100
Fig. 99
Fig. 102
Grösste relative
Verschiebg
Techn. art Anst v. Alfred Müller.Leipzig-R.

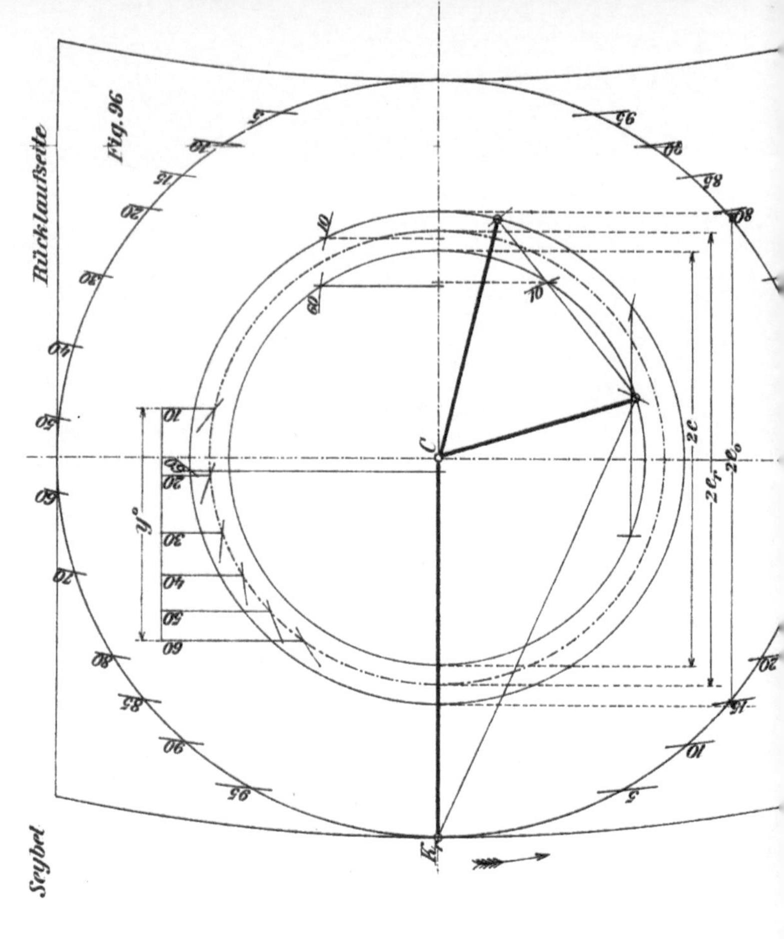

Rücklaufseite
Fig. 96
Seybel
C

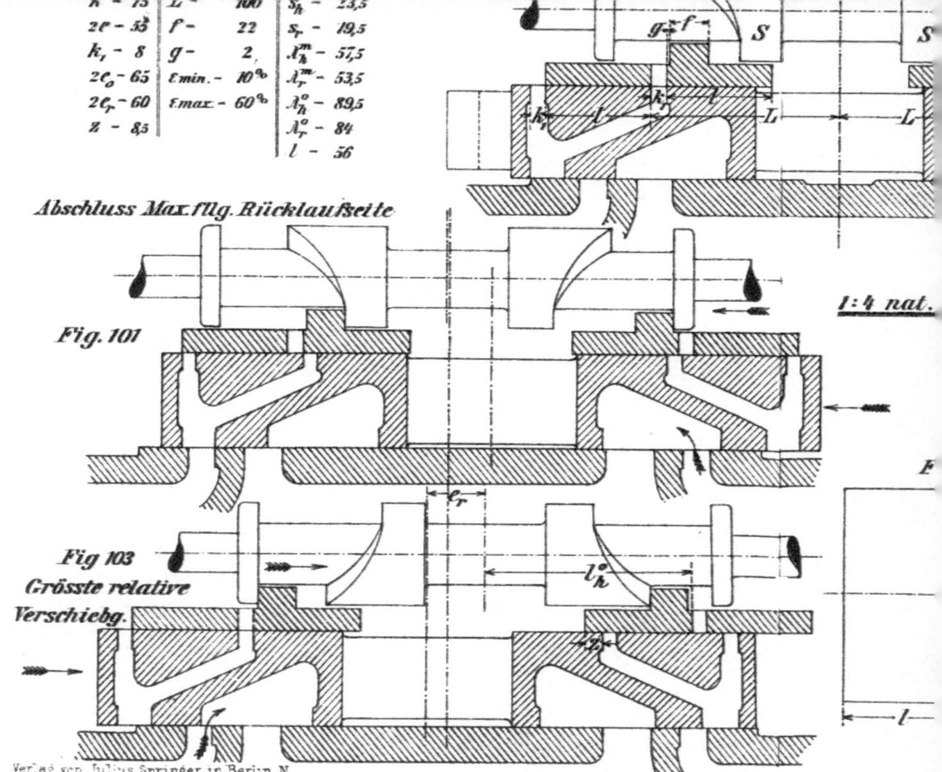

k = 75   L = 100 S_h = 23,5
2e = 55   f = 22 S_r = 19,5
k_1 = 8   g = 2 λ_h^m = 57,5
$2e_o$ = 65   εmin = 10% λ_r^m = 53,5
$2e_r$ = 60   εmax = 60% λ_h^o = 89,5
z = 8,5 λ_r^o = 84
l = 56
Abschluss Max.flg. Rücklaufseite
Fig. 101
1:4 nat.
Fig 103
Grösste relative
Verschiebg.
Verlag von Julius Springer in Berlin N